Felix Klein, F Tägert

Vorträge über ausgewählte Fragen der Elementargeometrie

Felix Klein, F Tägert

Vorträge über ausgewählte Fragen der Elementargeometrie

ISBN/EAN: 9783743458345

Hergestellt in Europa, USA, Kanada, Australien, Japan

Cover: Foto ©berggeist007 / pixelio.de

Felix Klein, F Tägert

Vorträge über ausgewählte Fragen der Elementargeometrie

F. KLEIN,

VORTRÄGE ÜBER AUSGEWÄHLTE FRAGEN
DER
ELEMENTARGEOMETRIE.

AUSGEARBEITET

VON

F. TÄGERT.

EINE FESTSCHRIFT
ZU DER
PFINGSTEN 1895 IN GÖTTINGEN STATTFINDENDEN
DRITTEN VERSAMMLUNG
DES
VEREINS ZUR FÖRDERUNG DES MATHEMATISCHEN UND
NATURWISSENSCHAFTLICHEN UNTERRICHTS.

MIT 10 IN DEN TEXT GEDRUCKTEN FIGUREN
UND 2 LITHOGRAPHIERTEN TAFELN.

LEIPZIG,
DRUCK UND VERLAG VON B. G. TEUBNER.
1895.

Vorwort.

Die schärferen Begriffsbestimmungen und Beweismethoden, welche die moderne Mathematik entwickelt hat, gelten in den Kreisen der Gymnasiallehrer vielfach als abstrus und übertrieben abstract und werden dementsprechend gern so angesehen, als seien sie nur für den engeren Kreis der Specialisten von Bedeutung. Demgegenüber hat es mir Vergnügen gemacht, im vergangenen Sommer vor einer grösseren Zahl von Zuhörern in einer zweistündigen Vorlesung darzulegen, was die neuere Wissenschaft über die Möglichkeit der elementargeometrischen Constructionen zu sagen weiss. Schon vorher, als ich den Teilnehmern des in den Osterferien in Göttingen stattfindenden Feriencurses eine Skizze dieser Vorträge vorlegte, schienen dieselben besonderes Interesse zu finden, und dieser Eindruck hat sich mir im Laufe der Sommervorlesung nur befestigt. Ich wage also, ein kurze Ausarbeitung meiner Vorlesung zu der demnächst in Göttingen stattfindenden Versammlung des Vereins zur Förderung des mathematischen und naturwissenschaftlichen Unterrichts als Festschrift zu überreichen. Diese Ausarbeitung ist von Herrn Oberlehrer Tägert in Ems fertig gestellt worden, der an dem vorgenannten Feriencurs Teil genommen hatte und dem ich ein Collegheft zur Verfügung stellen konnte, das von mehreren Zuhörern meiner Sommervorlesung unter meiner Aufsicht geführt worden war. Möge die kleine Schrift in ihrer anspruchslosen Form im Sinne der Bestrebungen des Vereins Gutes wirken!

Göttingen, Ostern 1895.

F. Klein.

Inhaltsverzeichnis.

Einleitung.

Seite.

Praktische und theoretische Constructionen 1
Problemstellung in algebraischer Form 2

Erster Abschnitt.
Die Möglichkeit der Construction algebraischer Ausdrücke.

I. Kapitel: Ueber diejenigen algebraischen Gleichungen, welche sich durch Quadratwurzeln lösen lassen.

1—4. Aufbau der zu construierenden Grösse x 4
5. 6. Normalform von x 5
7. 8. Die conjugierten Grössen 6
9. Die zugehörige Gleichung $F(x) = 0$ 6
10. Andere rationale Gleichungen $f(x) = 0$ 7
11. 12. Die irreducible Gleichung $\varphi(x) = 0$ 8
13. 14. Der Grad der Gleichung $\varphi(x) = 0$ eine Potenz von 2 . . . 9

II. Kapitel: Das Delische Problem und die Drittteilung des Winkels.

1. Die Unmöglichkeit, das Delische Problem mit Zirkel und Lineal zu lösen 10
2. Die allgemeine Gleichung $x^3 = \lambda$ 10
3. Die Unmöglichkeit, einen Winkel mit Zirkel und Lineal zu dritteln 11

III. Kapitel: Die Kreisteilung.

1. Historischer Excurs 13
2—4. Die Gauss'schen Primzahlen 13
5. Die Kreisteilungsgleichung 15
6. Das Gauss'sche Lemma 16
7. 8. Die Irreducibilität der Kreisteilungsgleichung 17

IV. Kapitel: Die Construction des regulären 17-Ecks.

1. Algebraische Formulierung des Problems 19
2—4. Die aus den Wurzeln gebildeten Perioden 21
5. 6. Die quadratischen Gleichungen, denen die Perioden genügen 23
7. Geschichtliches über Constructionen mit Lineal und Zirkel . 26
8. 9. Construction des 17-Ecks nach v. Staudt 27

Inhaltsverzeichnis.

V. Kapitel: **Allgemeines über algebraische Constructionen.**
1. Das Falten von Papier 32
2. Die Kegelschnitte. 33
3. Die Cissoide des Diokles. 34
4. Die Conchoide des Nikomedes 35
5. Mechanische Apparate. 36

Zweiter Abschnitt.
Die transcendenten Zahlen und die Quadratur des Kreises.

I. Kapitel: **Der Cantor'sche Beweis von der Existenz transcendenter Zahlen.**
1. Definition algebraischer und transcendenter Zahlen . . . 38
2. Anordnung der algebraischen Zahlen nach ihrer *Höhe* . . . 39
3. Beweis der Existenz transcendenter Zahlen 41

II. Kapitel: **Geschichtlicher Ueberblick über die Versuche zur Berechnung und Construction von π.**
1. Das empirische Stadium. 43
2. Die griechischen Mathematiker. 44
3. Die moderne Analysis von 1670—1770 45
4. Die wieder erwachende Kritik von 1770 bis zur Neuzeit . . 46

III. Kapitel: **Die Transcendenz der Zahl e.**
1. Uebersicht über den Gang des Beweises 47
2. Das Symbol h^r und die Function φ 48
3. Der Hermite'sche Satz. 51

IV. Kapitel: **Die Transcendenz der Zahl π.**
1. Vorbereitung des Beweises. 53
2. Die modificierte Function φ 55
3. Der Lindemann'sche Satz 59
4. Das Lindemann'sche Corollar. 60
5. 6. 7. Einfachste Anwendungen 63

Anhang.
Der Integraph von Abdank-Abakanowicz 64

Einleitung.

Diese Vorlesung verdankt dem Wunsche ihre Entstehung, das Studium der Mathematik an der Universität mit den Interessen der Schulmathematik mehr als sonst üblich in Fühlung zu bringen. Sie ist trotzdem keine Anfangsvorlesung, da sie ihre Themata nicht in der Weise der Schule, sondern von einem höheren Gesichtspunkte aus behandelt. Dagegen sind die vorauszusetzenden Kenntnisse gering. Es wird nur von den Elementen der Analysis Gebrauch gemacht, wie beispielsweise von der Reihenentwicklung der Exponentialfunction.

Es sollen im Folgenden die geometrischen Constructionen behandelt werden, und zwar soll weniger nach der Auflösung im einzelnen Fall, als vielmehr nach der *Möglichkeit* resp. *Unmöglichkeit*, eine Lösung zu finden, gefragt werden.

Drei Probleme, die bereits im Altertume untersucht wurden, werden dabei im Vordergrunde des Interesses stehen. Es sind

1) *das Problem der Verdoppelung des Würfels* (auch das *Delische* Problem genannt),

2) *die Drittteilung eines beliebigen Winkels*,

3) *die Quadratur des Kreises* d. h. die Construction von π.

Bei allen diesen Aufgaben haben die Alten vergebens eine Lösung mit Zirkel und Lineal gesucht, und eben darin lag die Berühmtheit derselben, dass zu ihrer Bewältigung höhere Hülfsmittel nötig schienen. Wir werden in der That beweisen, dass eine Auflösung durch Zirkel und Lineal unmöglich ist.

Was den Nachweis ad 3) angeht, so handelt es sich dabei bekanntlich um einen ganz modernen Fortschritt. Die Entwickelungen ad 1) und 2) sind implicite in den allgemeineren Betrachtungen der Galois'schen Theorie enthalten, wie man sie heutzutage in den Lehrbüchern der höheren Algebra findet. Dagegen fehlt auch bei diesen Problemen eine explicite Darstellung in elementarer Form, wenn ich von den Lehrbüchern von Petersen absehe, die auch in anderer Hinsicht sehr bemerkenswert scheinen.

Zunächst wollen wir den Unterschied zwischen *praktischer* und *theoretischer* Construction betonen. Soll beispielsweise ein Teilkreis für ein Messinstrument verfertigt werden, so erfolgt dessen Herstellung einfach durch Probieren. Theoretisch möglich (d. h. durch Zirkel und Lineal theoretisch herstellbar) war früher nur eine Teilung des Kreises in 2^h, 3 und 5 Teile und Combinationen hieraus. Hierzu hat Gauss noch andere Fälle hinzugefügt, indem er die Möglichkeit der Teilung in p Teile, wo p eine Primzahl von der Form $p = 2^{2^\mu} + 1$ ist, und die Unmöglichkeit für alle andern Zahlen bewies. Die Praxis gewinnt hieraus nichts. *Die Bedeutung der Gaussischen Entwickelungen ist eine rein theoretische.* Dies gilt von den sämtlichen Betrachtungen der gegenwärtigen Vorlesung.

Bei der Fragestellung unseres Hauptproblems: *Welche Aufgaben sind* (in theoretischem Sinne) *construierbar, welche nicht?* müssen wir, um den Ausdruck „construierbar" schärfer zu fassen, die Hülfsmittel nennen, deren wir uns gegebenenfalls bedienen wollen. Wir unterscheiden

1. Zirkel und Lineal,
2. Zirkel allein,
3. Lineal allein,
4. weitere Apparate, die wir zu Zirkel und Lineal hinzunehmen.

Das Eigentümliche ist, dass die Elementargeometrie nicht zu einer Beantwortung der Frage ausreicht. Wir müssen Anlehnung nehmen an Algebra und Analysis und fragen zunächst: Wie drückt sich in der Sprache dieser Wissenschaften die Verwendung von Lineal und Zirkel zur Construction aus? Die Notwendigkeit dieser Gedankenwendung liegt darin, dass die Elementargeometrie keine allgemeine Methode, keinen „Algorithmus" besitzt, wie die letztgenannten beiden Disciplinen.

Wir haben in der Analysis erstens *rationale* Operationen. Dahin rechnen wir die Addition und die Subtraction, sowie die Multiplication und die Division. Diese Operationen sind direct geometrisch bei zwei gegebenen Strecken durch Proportionen zu lösen, wenn man im Falle der Multiplication und Division noch eine Einheitsstrecke hinzunimmt. Weiterhin giebt es aber *irrationale* Operationen, und diese teilen wir ein in *algebraische* und *transcendente*.

Die einfachsten algebraischen Operationen sind das Ausziehen der Quadrat- und ferner der höheren Wurzeln, sowie die Auflösung von algebraischen Gleichungen, die sich mit Zuhülfenahme von Wurzeln nicht auflösen lassen, wie die fünften und höheren

Grades. Hiervon ist nun $\sqrt{ab}$ bekanntlich construierbar, und somit können die rationalen Operationen überhaupt, und die irrationalen, soweit es sich um Quadratwurzeln handelt, construiert werden. Andrerseits ist jede *einzelne* geometrische Construction, die auf den Schnitt zweier gerader Linien, einer geraden Linie und eines Kreises oder zweier Kreise zurückkommt, mit einer rationalen Operation oder der Ausziehung einer Quadratwurzel gleichbedeutend. Bei den höheren irrationalen Operationen ist also die Construction unmöglich, es sei denn, *dass man eine Methode finden sollte, bei ihnen mit Quadratwurzeln durchzukommen.* Selbstverständlich darf es sich bei allen auszuführenden Constructionen nur um eine *endliche* Anzahl von Operationen handeln, und somit haben wir den

Hauptsatz: *Ein analytischer Ausdruck ist dann und nur dann mit Zirkel und Lineal construierbar, wenn er aus den bekannten Grössen durch eine endliche Anzahl rationaler Operationen und Quadratwurzeln abzuleiten ist.*

Wollen wir also später zeigen, dass eine Grösse durch Lineal und Zirkel nicht construierbar ist, so haben wir zu beweisen, dass die Gleichung, in deren Form das Problem gekleidet ist (z. B. $x^3 = 2$, Kreisteilung, Winkeldritteilung), nicht durch Quadratwurzeln in endlicher Zahl gelöst werden kann.

A fortiori ist die Lösung unmöglich, wenn überhaupt *keine* algebraische Gleichung vorliegt. Ein Ausdruck der keiner solchen genügt, heisst eine transcendente Zahl. Dieser Fall trifft unter andern, wie wir zeigen werden, bei der Zahl π ein.

Erster Abschnitt.
Die Möglichkeit der Construction algebraischer Ausdrücke.
I. Kapitel.
Ueber diejenigen algebraischen Gleichungen, welche sich durch Quadratwurzeln lösen lassen.

Die folgenden Sätze aus der Theorie der algebraischen Gleichungen werden zwar allgemeiner bekannt sein, doch sollen sie der grösseren Uebersichtlichkeit halber hier noch einmal kurz abgeleitet werden.

Liegt zur Construction irgend eine Grösse x vor, welche nur durch rationale Ausdrücke und Quadratwurzeln bestimmt ist, so kann dieselbe jedenfalls erhalten werden als Wurzel einer irreduciblen Gleichung $f(x) = 0$, und es handelt sich zunächst darum, den Grad dieser Gleichung zu untersuchen. Es wird sich herausstellen, dass derselbe immer eine Potenz von 2 sein muss.

1. Es sei, um eine klare Auffassung von dem Bau der Grösse x zu gewinnen,

$$\text{z. B. } x = \frac{\sqrt{a} + \sqrt{c + ef} + \sqrt{d} + \sqrt{b}}{\sqrt{a} + \sqrt{b}} + \frac{p + \sqrt{q}}{\sqrt{r}},$$

wobei $a, b, c, d, e, f, p, q, r$ rationale Ausdrücke sein sollen. Wir erhalten dann folgenden Einteilungsgrund.

2. Wir sehen zu, wie viel Quadratwurzeln in einem Bestandteile des x über einander stehen, und nennen die Zahl derselben die *Ordnung dieses Bestandteils;* so haben wir in unserm Beispiele Ausdrücke von der 0ten, 1ten und 2ten Ordnung.

3. Bezeichnen wir mit μ die *Maximalordnung*, die in unserm Ausdruck x vorkommt, so dürfen also in demselben nirgendwo mehr als μ Wurzeln über einander stehen.

4. Bei dem Beispiele $x = \sqrt{2} + \sqrt{3} + \sqrt{6}$ haben wir zunächst drei Ausdrücke erster Ordnung. Wir können für x aber auch setzen

$$x = \sqrt{2} + \sqrt{3} + \sqrt{2} \cdot \sqrt{3},$$

wo die Zahl der Ausdrücke erster Ordnung auf zwei reducirt erscheint. Eine solche Reduction denken wir uns allgemein bei jedem vorgelegten Ausdruck x hinsichtlich der Terme von der Maximalordnung gemacht. *Wir setzen also fortan voraus, dass von den n Gliedern der μten Ordnung keines durch die übrigen Glieder μter und die sonst etwa in x auftretenden Glieder niederer Ordnung rational ausdrückbar sei.*

Entsprechend machen wir die gleiche Annahme bei den Gliedern $(\mu-1)$-ter und niederer Ordnung, mögen dieselben explicite oder implicite vorkommen. Diese Hypothese ist, wie man sieht, sehr natürlich zu machen und für den späteren Beweis sehr wichtig.

5. Wir wollen jetzt x in eine *Normalform* setzen. x kann aus einer Reihe von Summanden mit verschiedenen Nennern bestehen, diese bringen wir auf gleiche Nenner und erhalten so x als Quotienten zweier ganzen Functionen.

Ist nun $\sqrt{Q}$ einer der in x auftretenden Bestandteile μter Ordnung, so kann $\sqrt{Q}$ in x nur explicite enthalten sein, da μ ja die Maximalordnung ist. Da ferner höhere Potenzen von $\sqrt{Q}$ auf $\sqrt{Q}$ und Q, was ein Glied niederer Ordnung ist, zurückkommen, können wir setzen

$$x = \frac{a + b\sqrt{Q}}{c + d\sqrt{Q}},$$

wo a, b, c, d nur noch $(n-1)$ Glieder von μter und sonst nur Glieder niederer Ordnung enthalten. Multiplicieren wir Zähler und Nenner mit $c - d\sqrt{Q}$, so wird

$$x = \frac{(ac - bdQ) + (bc - ad)\sqrt{Q}}{c^2 - d^2 Q}.$$

$\sqrt{Q}$ verschwindet also im Nenner, und wir können schreiben

$$x = \alpha + \beta\sqrt{Q},$$

wo in α und β ausser Gliedern niederer Ordnung nur noch $(n-1)$ Glieder μter Ordnung vorkommen. Für einen zweiten Bestandteil μter Ordnung erhalten wir in gleicher Weise $x = \alpha_1 + \beta_1 \sqrt{Q_1}$ u. s. f.

Das x lässt sich also so umrechnen, dass es jeden überhaupt vorkommenden Ausdruck μter Ordnung nur in seinem Zähler und dort nur linear enthält.

Hierbei ist aber zu bemerken, dass Producte verschiedener Glieder μter Ordnung vorkommen können; denn setzen wir z. B., da ja α und β noch von $(n-1)$ Ausdrücken μter Ordnung abhängen,

$$\alpha = (\alpha_{11} + \alpha_{12}\sqrt{Q_1}), \quad \beta = (\beta_{11} + \beta_{12}\sqrt{Q_1}),$$

so wird

$$x = (\alpha_{11} + \alpha_{12}\sqrt{Q_1}) + (\beta_{11} + \beta_{12}\sqrt{Q_1})\sqrt{Q}.$$

6. In analoger Weise machen wir für die verschiedenen Terme $(\mu-1)$-ter Ordnung, welche explicite und in den Ausdrücken $Q, Q_1, \ldots$ vorkommen, die analoge Umformung, so dass wir in jedem Gliede immer nur eine ganze lineare Function des einzelnen Ausdrucks $(\mu-1)$-ter Ordnung vor uns haben. Dann schreiten wir zu den Bestandteilen niederer Ordnung fort, die wir entsprechend behandeln, und erhalten schliesslich x bez. seine Bestandteile in Beziehung auf die explicite vorkommenden einzelnen Wurzelgrössen als eine ganze rationale Function des ersten Grades. Damit haben wir x in *die Normalform* gesetzt, wie wir uns ausdrücken wollen.

7. Die Gesamtzahl der in dieser Normalform vorkommenden, nach unsrer Annahme (siehe 4.) von einander unabhängigen Quadratwurzeln sei m. Aendern wir nun in beliebiger Weise das Vorzeichen einer jeden dieser Wurzeln, so erhalten wir ein System von 2^m Ausdrücken $x_1, x_2, \ldots x_{2^m}$, die wir als *conjugierte* Grössen bezeichnen wollen.

Es wird sich jetzt darum handeln, die Gleichungen zu untersuchen, denen diese conjugierten Grössen als Wurzeln genügen.

8. Zunächst ist es nicht notwendig, dass alle conjugierten Grössen von einander verschieden sind. Wäre z. B.

$$x = \sqrt{a + \sqrt{b}} + \sqrt{a - \sqrt{b}},$$

so ändert es sich nicht, wenn $\sqrt{b}$ in $-\sqrt{b}$ übergeht.

9. Ist nun x eine beliebige Grösse und bilden wir

$$F(x) = (x - x_1)(x - x_2) \ldots (x - x_{2^m}),$$

so ist $F(x) = 0$ zweifellos eine Gleichung, welche unsere conjugierten Grössen zu Wurzeln hat. Sie ist vom Grade 2^m, kann aber nach 8. mehrfache Wurzeln enthalten. Wir werden zeigen, dass beim Ausmultiplicieren alle Wurzelzeichen verschwinden und *dass $F(x)$ nur rationale Coefficienten hat.* Aendert sich nämlich das Vorzeichen einer der in $F(x)$ enthaltenen Quadratwurzeln, so ändert sich damit eine der Wurzeln x_λ; damit ändert sich aber gleichzeitig entsprechend die Wurzel x'_λ, so dass die eine in die andere übergeht, denn $F(x)$ muss auf jeden Fall alle durch Vertauschung der Vorzeichen hervorkommenden Ausdrücke x enthalten. Da nun aber x_λ und x'_λ nur in der multiplicativen Verbindung $(x - x_\lambda)(x - x'_\lambda)$ vorkommen, so besteht die ganze Aenderung darin, dass die Reihenfolge der Factoren von $F(x)$ eine andere wird. Man sieht also, dass $F(x)$ in der Weise von den Quadratwurzeln abhängig ist, dass es einerlei bleibt, ob diese positiv oder negativ genommen werden, d. h. in $F(x)$ können nur deren Quadrate vorkommen. $F(x)$ hat demnach rationale Coefficienten.

10. Wir leiten nun folgenden Satz ab: *Genügt eine unserer conjugierten Grössen einer gegebenen Gleichung mit rationalen Coefficienten $f(x) = 0$, so sind auch die übrigen conjugierten Grössen Wurzeln dieser Gleichung.*

$f(x)$ braucht hier nicht gleich $F(x)$ zu sein und kann ausser den x_i noch andere Wurzeln haben.

Es sei eine der Grössen x

$$x_1 = \alpha + \beta \sqrt{Q},$$

wo $\sqrt{Q}$ einer der in x_1 enthaltenen Bestandteile μter Ordnung ist und α und β nur noch von den übrigen Gliedern μter und niederer Ordnung abhängen. Dann muss es eine conjugierte Grösse

$$x_1' = \alpha - \beta \sqrt{Q}$$

geben. Setzen wir nun x_1 in die Gleichung $f(x_1) = 0$ ein und bringen wir $f(x_1)$ in Bezug auf $\sqrt{Q}$ in die Normalform, also

$$f(x_1) = A + B\sqrt{Q},$$

so kann dieser Ausdruck nur Null werden, wenn A und B für sich verschwinden. Denn wäre dies nicht der Fall, so erhielten wir $\sqrt{Q} = -\frac{A}{B}$; d. h. $\sqrt{Q}$ liesse sich durch die in A und B enthaltenen Ausdrücke μter und niederer Ordnung rational ausdrücken, was mit der von uns gemachten Annahme (siehe 4.), die Quadratwurzeln sollten unabhängig von einander sein, im Widerspruche ist.

Setzen wir jetzt x_1' in die Gleichung $f(x)$, so erhalten wir $f(x_1') = A - B\sqrt{Q}$, und dies ist sicher gleich 0, da ja A und B einzeln verschwinden. Ist also x_1 eine Wurzel von $f(x) = 0$, so ist es auch x_1'. So fahren wir fort und erhalten das Resultat:

Ist $f(x_1) = 0$, so wird $f(x)$ jedenfalls auch für alle diejenigen mit x_1 conjugierten Grössen verschwinden, die sich aus x_1 dadurch ergeben, dass man die Wurzeln μter Ordnung im Vorzeichen ändert.

Der Beweis für die übrigen conjugierten Grössen gestaltet sich in analoger Weise. Es hänge der Ausdruck x_1, wie wir ohne Beschränkung der Allgemeinheit annehmen können, nur von zwei Bestandteilen μter Ordnung $\sqrt{Q}$ und $\sqrt{Q'}$ ab, so lässt sich $f(x_1)$ bezüglich dieser in folgende Normalform bringen:

$$(\text{a } f(x_1) = p + q\sqrt{Q} + r\sqrt{Q'} + s\sqrt{Q}\sqrt{Q'} = 0.$$

(Wäre x von mehr als zwei Ausdrücken μ ter Ordnung abhängig, so würde der Unterschied nur der sein, dass eine grössere Anzahl analog gebauter Glieder hinzugeschrieben werden müsste.)

Die obige Gleichung a) kann aber nur gültig sein, wenn

b) $\qquad p = 0, \; q = 0, \; r = 0, \; s = 0,$

da ja andernfalls wieder ein rationaler Zusammenhang zwischen den Wurzeln bestehen würde, was gegen unsere Annahme ist.

Bezeichnen wir nun mit $\sqrt{R}, \sqrt{R'}, \ldots$ die Ausdrücke $(\mu-1)$-ter Ordnung, von denen x_1 abhängt, so lassen sich die Grössen p, q, r, s, in denen sie vorkommen, rücksichtlich ihrer in die Normalform setzen; und wenn wir der Einfachheit halber wieder nur zwei Grössen $\sqrt{R}$ und $\sqrt{R'}$ annehmen, erhalten wir die Gleichung:

c) $\qquad p = \varkappa_1 + \lambda_1 \sqrt{R} + \mu_1 \sqrt{R'} + \nu_1 \sqrt{R} \sqrt{R'} = 0$

und drei ähnlich gebaute für q, r und s. Unsere schon mehrfach benutzte Annahme von der Unabhängigkeit der Wurzeln liefert uns dann die Gleichungen:

d) $\qquad \varkappa = 0, \; \lambda = 0, \; \mu = 0, \; \nu = 0.$

In Folge dessen werden die Gleichungen c) und damit $f(x) = 0$ auch befriedigt, wenn statt $\sqrt{R}$ und $\sqrt{R'}$ die daraus durch Aenderung der Vorzeichen hervorgehenden Wurzeln eingeführt werden. *Also auch diejenigen conjugierten Grössen, welche aus x_1 durch Aenderung der Wurzeln $(\mu-1)$-ter Ordnung entstehen, genügen der Gleichung $f(x) = 0$.*

In analoger Weise betrachten wir die Grössen $(\mu-2)$-ter, $(\mu-3)$-ter, ... Ordnung und erbringen so den vollen Beweis unseres Satzes.

11. Wir haben bis jetzt zwei Gleichungen $F(x) = 0$ und $f(x) = 0$ in Betracht gezogen. Beide haben rationale Coefficienten und enthalten die x_i als Wurzeln. $F(x)$ ist vom Grade 2^m und hat möglicherweise mehrfache Wurzeln, $f(x)$ kann noch durch von den x_i verschiedene Werte befriedigt werden. Hierzu nehmen wir eine dritte Gleichung $\varphi(x) = 0$, mit der Bedingung, *sie sei die niedrigste rationale Gleichung, der x_1, und somit auch alle x_i* (siehe 10.), *genügen.*

Wir leiten über dieses $\varphi(x)$ einige Sätze ab; und zwar finden wir:

12a. $\varphi(x)$ *ist irreducibel*, d. h. es kann nicht in zwei andere Polynome mit rationalen Coefficienten gespalten werden. Diese Irreducibilität von φ liegt darin begründet, dass es die *niedrigste* rationale Gleichung sein soll, welcher die x_i genügen.

Denn liesse sich $\varphi(x)$ rational spalten, so dass
$$\varphi(x) = \psi(x)\,\chi(x)$$
ist, so gäbe $\varphi(x_1) = 0$ entweder $\psi(x_1) = 0$ oder $\chi(x_1) = 0$ oder beides. Nach 10. müssen dann diese Gleichungen aber alle conjugierten Grössen zu Wurzeln haben. $\varphi(x)$ würde somit nicht die niedrigste Gleichung für die x_i sein.

12 b. $\varphi(x)$ *hat keine mehrfachen Wurzeln;* denn hätte es solche, so liessen sich diese nach bekannten Methoden der Algebra rational abspalten, und $\varphi(x)$ wäre nicht mehr irreducibel.

12 c. $\varphi(x)$ *hat keine andern Wurzeln als die x_i;* denn hätte es deren, so liessen sich diese aus $F(x) = 0$ und $\varphi(x) = 0$ rational abspalten, und $\varphi(x)$ wäre nicht irreducibel.

12 d. Wir wählen aus den conjugierten Grössen x_i *sämtliche von einander verschiedenen* aus, ihre Zahl sei M; dann ist, behaupte ich:
$$\varphi(x) = C(x - x_1)(x - x_2) \ldots (x - x_M).$$
Denn $\varphi(x) = 0$ enthält dann als Wurzeln sämtliche x_i und hat keine mehrfachen Wurzeln. Es ist $\varphi(x)$ durch diese Angabe bis auf eine multiplicative Constante bestimmt, was aber für die *Gleichung* $\varphi(x) = 0$ keinen Unterschied macht.

12 e. $\varphi(x) = 0$ ist die *einzige* irreducible Gleichung mit rationalen Coefficienten für die x_i. Denn, gäbe es eine andere irreducible rationale Gleichung $f(x) = 0$, welche für $x = x_1$, und also für alle x_i, verschwindet, so müsste $f(x)$ durch $\varphi(x)$ teilbar sein, also
$$f(x) = \varphi(x)\,\psi(x).$$
$f(x)$ wäre demnach reducibel, was unsrer Annahme widerspricht.

Auf Grund der so bewiesenen fünf Eigenschaften von $\varphi(x) = 0$ können wir diese Gleichung schlechtweg als *die* irreducible Gleichung bezeichnen, welcher unsere x_i genügen.

13. Wir vergleichen nun $F(x)$ und $\varphi(x)$ mit einander. Beide haben nur die x_i zu Wurzeln und $\varphi(x)$ ausserdem unter diesen keine mehrfachen. Da hiernach $F(x)$ durch $\varphi(x)$ teilbar sein muss, sei
$$F(x) = F_1(x)\,\varphi(x),$$
wo $F_1(x)$ ebenso wie die beiden andern Gleichungen rationale Coefficienten hat, da es das Resultat einer aufgehenden Division ist. Wenn $F_1(x)$ keine Constante darstellt, so enthält es Wurzeln, die auch in $F(x) = 0$ stecken, also einige und darum nach 10. alle x_i. Mithin ist auch $F_1(x)$ durch $\varphi(x)$ teilbar, und wir erhalten
$$F_1(x) = F_2(x)\,\varphi(x).$$

Dasselbe gilt, wenn $F_2(x)$ nicht constant ist, für $F_3(x)$ u. s. w. Schliesslich gewinnen wir für ein geeignetes $F_{r-1}(x)$ einen Ausdruck
$$F_{r-1}(x) = c_1\,\varphi(x)$$
und für $F(x)$ selber
$$F(x) = c\,\varphi^\nu(x).$$
In der That muss ja der immer kleiner werdende Grad der $F_1(x)$, $F_2(x)$, ... nach einer endlichen Anzahl von Schritten schliesslich auf 0 herabsinken.

Das Polynom $F(x)$ ist also, abgesehen von einer unbekannt bleibenden Constanten, eine Potenz des Minimalpolynoms $\varphi(x)$.

14. Dies ermöglicht uns, den Grad M des letzteren näher zu bestimmen. $F(x)$ war vom Grade 2^m, und da $F(x)$ die νte Potenz von $\varphi(x)$ ist, so ist
$$2^m = \nu \cdot M.$$
Demnach ist M auch eine Potenz von 2, und wir erhalten den Satz:

Der Grad der irreduciblen Gleichung, welcher ein aus Quadratwurzeln gebauter Ausdruck genügt, ist stets eine Potenz von 2.

Da aber unsere x_i, wie wir in 12e. bemerkten, nur einer *einzigen* irreduciblen Gleichung genügen können, so ergiebt sich als Umkehrung der Satz:

15. *Ist eine irreducible Gleichung nicht vom Grade 2^h, so kann sie gewiss nicht durch Quadratwurzeln gelöst werden.*

II. Kapitel.

Das Delische Problem und die Drittteilung des Winkels.

1. Die allgemeinen Sätze des vorigen Abschnittes wenden wir zunächst auf das *Delische Problem*, d. h. auf das Problem der *Verdoppelung des Würfels* an. Die Gleichung hierfür ist
$$x^3 = 2.$$
Dieselbe ist irreducibel, da andernfalls für $\sqrt[3]{2}$ ein rationaler Wert existieren müsste. Denn eine Gleichung dritten Grades, welche reducibel ist, enthält notwendigerweise einen rationalen linearen Factor. Aber der Grad der Gleichung ist nicht von der Form 2^h, also ist sie nicht durch Quadratwurzeln lösbar, und die *geometrische Construction mit Zirkel und Lineal unausführbar*.

2. Wir betrachten jetzt die allgemeinere Gleichung $x^3 = \lambda$, wo λ einen Parameter bedeute, der auch complex sein kann. Die Gleichung wird uns die analytischen Ausdrücke für die geometrischen Probleme der Vervielfältigung des Würfels und der Drittteilung eines beliebigen Winkels liefern. Es fragt sich, ob die Gleichung reducibel ist, d. h. ob sich eine ihrer Wurzeln als eine rationale

Function von λ bestimmen lässt. Es ist hierbei darauf zu achten, dass die Irreducibilität eines Ausdrucks allgemein davon abhängt, welche Grössen man als bekannt anzusehen hat. In dem Falle $x^3 = 2$ handelte es sich um numerische Grössen, um die Frage, ob $\sqrt[3]{2}$ einen numerisch rationalen Wert haben kann. In der Gleichung $x^3 = \lambda$ fragt es sich, ob eine rationale Function von λ eine Wurzel derselben darstellen kann. Im ersten Falle ist der sogenannte *Rationalitätsbereich* die Gesamtheit der rationalen Zahlen, im zweiten sind es die rationalen Functionen eines Parameters. Indem wir diesen als unbeschränkt veränderlich ansehen, ist ohne weiteres ersichtlich, dass kein Ausdruck $x = \frac{\varphi(\lambda)}{\psi(\lambda)}$, wo $\varphi(\lambda)$ und $\psi(\lambda)$ Polynome sind, unsererer Gleichung genügt; sie ist also für die hiermit bezeichnete Annahme irreducibel und eben darum nicht durch Quadratwurzeln zu lösen.

3. Wir werden jetzt aber die Veränderlichkeit von λ einschränken.

Wir setzen (s. Fig. 1)
$$\lambda = r(\cos\varphi + i\sin\varphi),$$
so ist
$$\sqrt[3]{\lambda} = \sqrt[3]{r}\sqrt[3]{\cos\varphi + i\sin\varphi}.$$

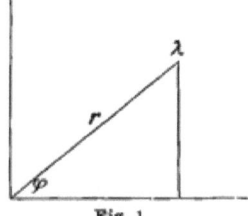

Fig. 1.

Die Aufgabe zerlegt sich also in die Teilaufgaben, die dritte Wurzel aus einer reellen und aus einer complexen Zahl von der Form $\cos\varphi + i\sin\varphi$ auszuziehen (die wir beide als frei veränderlich ansehen wollen). Diese Teilaufgaben werden wir jetzt getrennt behandeln.

a) Die Wurzeln der Gleichung $x^3 = r$ sind
$$\sqrt[3]{r}, \quad \varepsilon\sqrt[3]{r}, \quad \varepsilon^2\sqrt[3]{r},$$
wo
$$\varepsilon = \frac{-1 + i\sqrt{3}}{2} \quad \text{und} \quad \varepsilon^2 = \frac{-1 - i\sqrt{3}}{2}$$
die complexen dritten Wurzeln der Einheit bedeuten.

Betrachten wir die Gesamtheit der rationalen Functionen von r als den Rationalitätsbereich, so müsste sich, wenn $x^3 = r$ reducibel wäre, eine der Wurzeln in der Gestalt $x = \frac{\varphi(r)}{\psi(r)}$ abspalten lassen. Aber dies ist, auch wenn wir die Veränderlichkeit von r auf das reelle Gebiet beschränken, nach den Gesetzen der Teilbarkeit der Polynome ersichtlich unmöglich. Die Gleichung $x^3 = r$ ist also durch Quadratwurzeln nicht lösbar, und das Problem der Vervielfältigung des Würfels für frei veränderliches r mit Zirkel und Lineal nicht construierbar.

b) Die Wurzeln der Gleichung
$$x^3 = \cos\varphi + i\sin\varphi$$
sind nach dem Moivre'schen Satze

$$x_1 = \cos\frac{\varphi}{3} + i\sin\frac{\varphi}{3},$$

$$x_2 = \cos\frac{\varphi+2\pi}{3} + i\sin\frac{\varphi+2\pi}{3},$$

$$x_3 = \cos\frac{\varphi+4\pi}{3} + i\sin\frac{\varphi+4\pi}{3}.$$

Geometrisch bedeuten die Wurzeln die Ecken eines gleichseitigen Dreiecks auf dem Einheitskreise um den Anfangspunkt, und die Gleichung $x^3 = \cos\varphi + i\sin\varphi$ ist die analytische Formulierung des Problems *der Drittteilung des Winkels*. Denn, wie die Figur zeigt, entspricht x_1 der Winkel $\frac{\varphi}{3}$.

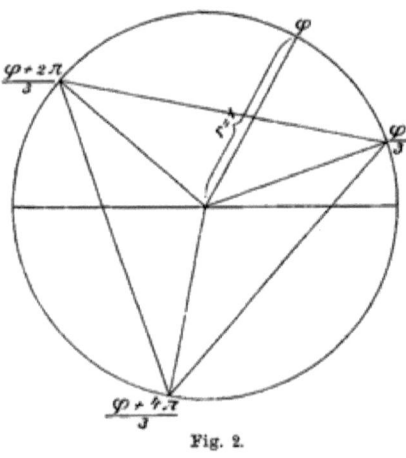

Fig. 2.

Hier werden wir unserer Betrachtung eine andere Wendung geben:

Wenn die Gleichung:
$$x^3 = \cos\varphi + i\sin\varphi$$
reducibel wäre, so müsste sich eine ihrer Wurzeln als eine rationale Function von $\cos\varphi$ und $\sin\varphi$ darstellen lassen. Diese würde sich nicht ändern, wenn φ in $\varphi + 2\pi$ überginge. Nehmen wir aber diese Aenderung bei den drei Wurzeln der Gleichung vor, indem wir φ durch *stetige* Abänderung in $\varphi + 2\pi$ übergehen lassen, so sehen wir, dass x_1 in x_2, dieses in x_3, und dieses in x_1 übergeht. Die Wurzeln vertauschen sich also cyklisch. *Also lässt sich keine Wurzel als rationale Function von $\cos\varphi$ und $\sin\varphi$ darstellen.* Dann ist aber $x^3 = \cos\varphi + i\sin\varphi$ irreducibel *und demnach nicht durch Quadratwurzeln in endlicher Zahl lösbar. Die Drittteilung des Winkels kann mit Zirkel und Lineal nicht ausgeführt werden.*

Dieser Beweis und der ganze Satz gelten ersichtlich nur, insofern φ als ein frei veränderlicher Winkel angesehen werden soll; für besondere Werte von φ kann die Construction sehr wohl durchführbar sein.

III. Kapitel.
Die Kreisteilung.

1. Die Aufgabe, einen gegebenen Kreis in n gleiche Teile zu teilen, rührt auch schon aus dem Altertume her, und man kannte schon lange die Möglichkeit der Auflösung derselben, wenn $n = 2^h$, 3 und 5 oder eine Combination aus diesen Zahlen ist. Gauss erweiterte in seinen Disquisitiones arithmeticae diese Zahlenreihe, indem er zeigte, dass die Teilung für jede Primzahl von der Form $p = 2^{2^\mu} + 1$ durchführbar, für alle andern Primzahlen und Primzahlpotenzen aber unmöglich ist. Wir wollen, um eine genauere Anschauung zu gewinnen, das Gauss'sche Resultat etwas specificieren. Setzen wir in $p = 2^{2^\mu} + 1$ $\mu = 0$, so wird $p = 3$, für $\mu = 1$ erhalten wir $p = 5$, d. h. die Fälle, welche schon dem Altertume bekannt waren. Ferner ergiebt $\mu = 2$, $p = 2^{2^2} + 1 = 17$, für welche Zahl Gauss die Teilung ausführte.

Bei $\mu = 3$ haben wir $p = 2^{2^3} + 1 = 257$, was ebenfalls eine Primzahl ist. Das 257-Eck ist also construierbar. Das gleiche gilt, da $2^{2^4} + 1 = 65537$ eine Primzahl ist, für das 65537-Eck. $\mu = 5$, $\mu = 6$, $\mu = 7$ geben keine Primzahlen. Für $\mu = 8$ hat noch Niemand untersucht, ob eine Primzahl vorliegt oder nicht. Kostete doch allein der Nachweis, dass die bei $\mu = 5, 6, 7$ entstehenden grossen Zahlen keine Primzahlen sind, schon einen grossen Aufwand von Anstrengung und Geschicklichkeit. Es ist also immer möglich, dass $\mu = 4$ die letzte Zahl ist, welche eine Lösung zulässt.

Ueber das 257-Eck hat Richelot eine umfangreiche Arbeit in Crelle's Journ. IX, 1832, pp. 1—26, 146—161, 209—230, 337—356 veröffentlicht. Sie trägt den Titel: De resolutione algebraica aequationis $x^{257} = 1$, sive de divisione circuli per bisectionem anguli septies repetitam in partes 257 inter se aequales commentatio coronata.

Auf das 65537-Eck hat Herr Prof. Hermes in Lingen 10 Jahre seines Lebens verwandt, um alle nach der Gauss'schen Behandlungsweise vorkommenden Wurzeln etc. genau zu untersuchen. Das äusserst fleissige Diarium wird in der Sammlung des mathematischen Seminars zu Göttingen aufbewahrt. Man vergleiche eine Mitteilung von Prof. Hermes in Nr. 3 der Göttinger Nachrichten vom Jahre 1894.

2. Will man die Möglichkeit der Teilung eines Kreises in n gleiche Teile untersuchen, so kann man sich auf die Fälle be-

schränken, dass $n = p$ oder $n = p^\alpha$, gleich einer Primzahl oder einer Primzahlpotenz ist. Denn ist n eine zusammengesetzte Zahl, so kann man die Aufgabe immer auf eine Teilung in die Primzahlteile, welche n zusammensetzen, zurückführen. Wird z. B. eine Teilung in 15 gleiche Teile verlangt, so genügt es, die Teilung in 3 und 5 Teile durchführen zu können, da sich aus der Gleichung $\frac{2}{3} - \frac{3}{5} = \frac{1}{15}$ die Teilung in 15 Teile hinterher von selbst ergiebt.

3. Wie sich herausstellen wird, ist die Teilung in p gleiche Teile nur ausführbar, wenn p eine Primzahl von der Form $p = 2^h + 1$ ist. Wir werden zunächst zeigen, dass, wenn eine Primzahl durch diese Form dargestellt werden soll, $h = 2^\alpha$, d. h. selbst gleich einer Potenz von 2 sein muss. Hierzu sind einige ganz einfache zahlentheoretische Betrachtungen erforderlich, wobei wir von dem sog. *Fermat'schen Satze* ausgehen. Dieser lautet:

Ist p eine Primzahl und die ganze Zahl a nicht durch p teilbar, so gilt die Congruenz:

$$a^{p-1} \equiv + 1 \ (\text{mod. } p).$$

Diese $(p-1)$-te Potenz braucht indessen nicht die niedrigste zu sein, welche bei gegebenem a die Congruenz befriedigt. Ist s diese niedrigste Potenz von a, so, lässt sich beweisen, muss s ein Teiler von $p - 1$ sein. Ist speciell $s = p - 1$, so sagt man: a ist eine *Primitivwurzel* von p, wobei wir bemerken, dass es für jede Primzahl solche Primitivwurzeln giebt. Von dem Begriff der Primitivwurzeln werden wir aber erst später Gebrauch machen.

Es sei nun s der niedrigste Exponent, welcher die Congruenz $2^s \equiv +1 \ (\text{mod. } p)$, wo $p = 2^h + 1$ ist, befriedigt. Man schliesst aus

$$p = 2^h + 1,$$

dass

$$2^h = p - 1 < p$$

ist.

Andrerseits bedingt die Congruenz $2^s \equiv + 1 \ (\text{mod. } p)$ die Ungleichung $2^s > p$, so dass p liegt zwischen

$$2^h < p < 2^s,$$

demnach ist

$$s > h.$$

Aus den beiden Congruenzen

$$2^s \equiv + 1 \ (\text{mod. } p)$$

und

$$2^h \equiv - 1 \ (\text{mod. } p)$$

folgt durch Division

Die Kreisteilung.

$$2^{s-h} \equiv -1 \pmod{p}.$$

Wenn nun $s < 2h$ wäre, so wäre auch $s - h < h$; da aber, wegen $2^h \equiv p - 1$, h die kleinste Potenz von 2 ist, welche die Congruenz $2^h \equiv -1 \pmod{p}$ erfüllen kann, so ist s unmöglich kleiner als $2h$. Es muss also mindestens

$$s = 2h$$

sein. Aus $2^h \equiv -1 \pmod{p}$ ergiebt sich aber wirklich

$$2^{2h} \equiv +1 \pmod{p},$$

also ist in der That $s = 2h$. Nach der oben gemachten Bemerkung muss aber $(p-1)$ durch s teilbar sein. Da nun

$$p - 1 = 2^h$$

eine Potenz von 2 ist, muss auch h eine solche repräsentieren. Die in der Form $p = 2^h + 1$ enthaltenen Primzahlen können also nur die Gestalt $p = 2^{2^\mu} + 1$ haben.

4. Der Beweis, dass h eine Potenz von 2 ist, lässt sich noch in anderer Weise führen. Wäre nämlich h durch eine ungerade Zahl teilbar, etwa $h = h'(2n+1)$, so würde nach der Formel

$$x^{2n+1} + 1 = (x+1)(x^{2n} - x^{2n-1} + x^{2n-2} - \cdots + x^2 - x + 1)$$

$p = 2^{h'(2n+1)} + 1$ durch $2^{h'} + 1$ teilbar, also keine Primzahl sein.

5. Wir wollen nun zunächst beweisen, dass für alle andern Fälle, als die genannten, die Kreisteilung unausführbar ist. Dazu müssen wir vor allem das geometrische Problem in ein algebraisches verwandeln.

Zeichnen wir für $z = x + iy$ in der z-Ebene einen Kreis vom Radius 1 und wollen wir diesen, vom Punkte $z = 1$ beginnend, in n gleiche Teile teilen, so verlangt diese Aufgabe die Lösung der Gleichung

$$z^n - 1 = 0.$$

Dividieren wir hier durch $z - 1$, so spalten wir dadurch die Wurzel $z = 1$ ab, was, geometrisch gedeutet, heisst: Wir sehen von dem Anfangspunkte der Teilung des Kreises ab. Sonach erhalten wir die Gleichung:

$$\frac{z^n - 1}{z - 1} = z^{n-1} + z^{n-2} + \cdots + z^2 + z + 1 = 0.$$

Diese Gleichung bezeichnet man schlechtweg als *Kreisteilungsgleichung*. Wie oben bemerkt wurde, können wir uns auf die Fälle beschränken, dass n eine Primzahl oder eine Primzahlpotenz ist, und führen deshalb zuerst die Untersuchung für den Fall $n = p$.

Der wesentliche Punkt des Beweises ist, zu zeigen, *dass obige Gleichung irreducibel ist.* Denn da, wie wir früher einsahen, irreducible Gleichungen nur dann möglicherweise durch Quadratwurzeln gelöst werden können, wenn ihr Grad eine Potenz von 2 ist, so ist eine Teilung in p Teile jedenfalls unmöglich, wenn $p-1$ nicht gleich einer Potenz von 2, also nicht

$$p = 2^h + 1 = 2^{2^\mu} + 1$$

ist. Man sieht hieraus, warum gerade die Gauss'schen Primzahlen eine Sonderstellung einnehmen.

6. Wir schalten hier ein Lemma ein, welches als das *Gausssche Lemma* bezeichnet wird. Ist

$$F(z) = z^m + A z^{m-1} + B z^{m-2} + \cdots + L z + M,$$

wo die A, B etc. ganze Zahlen sind, und lässt sich $F(z)$ in zwei rationale Factoren $f(z)$ und $\varphi(z)$ zerlegen, so dass

$$F(z) = f(z) \cdot \varphi(z)$$
$$= (z^m + \alpha_1 z^{m-1} + \alpha_2 z^{m-2} + \cdots)(z^{m'} + \beta_1 z^{m'-1} + \beta_2 z^{m'-2} + \cdots)$$

ist, so müssen die α und β auch ganze Zahlen sein. Mit andern Worten:

Lässt sich ein ganzzahliger Ausdruck rational zerlegen, so lässt er sich ganzzahlig zerlegen.

Wären nämlich die α und β Brüche, so bringen wir sie in jedem Polynom auf den kleinsten gemeinsamen Nenner. Diese seien a_0 und b_0. Multipliciren wir dann die Gleichung mit $a_0 b_0$, so erhalten wir:

$$a_0 b_0 F(z) = f_1(z) \varphi_1(z)$$
$$= (a_0 z^m + a_1 z^{m-1} + a_2 z^{m-2} + \cdots)(b_0 z^{m'} + b_1 z^{m'-1} + b_2 z^{m'-2} + \cdots),$$

wo die a und b jetzt ganze und zwar, da a_0 und b_0 die kleinsten gemeinsamen Nenner waren, *teilerfremde* Zahlen sind. Wenn nun a_0 und b_0 von 1 verschieden sind, so liegt in dieser Gleichung schon ein Widerspruch. Ist nämlich $a_0 b_0 \lessgtr 1$, so müssen sich sämtliche Glieder links durch jede in $a_0 b_0$ enthaltene Primzahl q teilen lassen. Dann müssen aber auch sämtliche Coefficienten wenigstens des einen Polynoms rechts durch q teilbar sein. Wäre nämlich a_i der erste Coefficient in $f_1(z)$ und b_k der erste in $\varphi_1(z)$, welcher nicht durch q teilbar ist, so betrachte man im ausmultiplicierten Producte rechts das Glied mit $z^{m+m'-i-k}$. Dasselbe hat den Coefficienten

$$(a_i b_k + a_{i-1} b_{k+1} + a_{i-2} b_{k+2} + \cdots + a_{i+1} b_{k-1} + a_{i+2} b_{k-2} + \cdots).$$

Da nun nach unserer Annahme die $a_{i-1}, a_{i-2}, \ldots$ und die b_{k-1}, $b_{k-2}, \ldots$ durch q teilbar sind, so muss auch $a_i b_k$ den Factor q enthalten. Also müssen entweder die sämtlichen Glieder von $f_1(z)$ oder von $\varphi_1(z)$ oder beide durch q teilbar sein, was den thatsächlichen Verhältnissen widerspricht, da die a und b unter sich teilerfremd sind. Die Gleichung

$$a_0 b_0 F(z) = f_1(z)\, \varphi_1(z)$$

kann demnach nur bestehen, wenn $a_0 b_0 = 1$ ist, d. h. die Zerlegung war von Anfang an ganzzahlig.

7. Um zu beweisen, dass die Kreisteilungsgleichung irreducibel ist, genügt es nach dem Gauss'schen Lemma zu zeigen, dass sie nicht ganzzahlig zerlegt werden kann. Zu diesem Zwecke werden wir uns der einfachen Eisenstein'schen Methode (Crelle Journ. 39, p. 167) bedienen, welche auf der Substitution $z = x + 1$ beruht. Wir erhalten

$$f(z) = \frac{z^p - 1}{z - 1} = \frac{(x+1)^p - 1}{x} = x^{p-1} + p\,x^{p-2} + \frac{p(p-1)}{1\cdot 2} x^{p-3}$$
$$+ \cdots + \frac{p(p-1)}{1\cdot 2} x + p = 0.$$

Rechts besitzen alle Coefficienten den Factor p bis auf das erste Glied, während das letzte p selber ist, p immer als Primzahl vorausgesetzt. Ein solcher Ausdruck ist aber ganz allgemein irreducibel.

Wäre dies nämlich nicht der Fall, so hätte man

$$f(x+1) = (x^m + a_1 x^{m-1} + \cdots + a_{m-1} x + a_m)$$
$$\times (x^{m'} + b_1 x^{m'-1} + \cdots + b_{m'-1} x + b_{m'}),$$

wo die a und b ganze Zahlen bedeuten.

Da nun das Glied nullter Ordnung links gleich p ist, so ist $a_m b_{m'} = p$; und weil p eine Primzahl ist, muss einer der Factoren der Einheit gleich sein. Es sei $a_m = \pm p$ und $b_{m'} = \pm 1$. Auch der Coefficient des linearen Gliedes muss, wie die Formel für $f(z)$ zeigt, durch p teilbar sein. Dieser lautet

$$a_{m-1} b_{m'} + a_m b_{m'-1}.$$

Hieraus folgt, dass a_{m-1} durch p teilbar sein muss.

Das gleiche finden wir für a_{m-2} aus dem Coefficienten des quadratischen Gliedes

$$a_{m-2} b_{m'} + a_{m-1} b_{m'-1} + a_m b_{m'-2},$$

(denn die beiden letzten Ausdrücke lassen sich durch p teilen und

Die Kreisteilung.

in dem ersten ist $b_{m'} = \pm 1$). Ebenso finden wir, dass auch alle übrigen Coefficienten des Factors $(x^m + a_1 x^{m-1} + \cdots + a_{m-1} x + a_m)$ durch p teilbar sein müssen. Dies trifft aber für den Coefficienten von x^m nicht zu, der gleich 1 ist. Dieser bei gegenteiliger Annahme eintretende Widerspruch beweist, *dass die Kreisteilungsgleichung irreducibel ist*, wenn die Zahl der Teile p eine Primzahl ist.

8. Wir untersuchen jetzt den Fall einer Primzahlpotenz (wobei im Grunde nur die Gauss'schen Primzahlen Interesse haben). Wir werden zeigen, dass für $p > 2$ eine Teilung des Kreises in p^2 Teile unmöglich ist. Hiermit ist die Sache für $p > 2$ überhaupt erledigt, da Teilungen nach höheren Primzahlpotenzen stets die p^2-Teilung enthalten müssen.

Hier lautet die allgemeine Gleichung:

$$z^{p^2} - 1 = 0,$$

aus welcher wir zunächst durch die Division mit $z - 1$ die Wurzel 1 abspalten:

$$\frac{z^{p^2} - 1}{z - 1} = 0.$$

Aber auch dieser Ausdruck hat noch fremde Wurzeln, indem er ja auch alle diejenigen enthält, welche sich auf die p-Teilung beziehen, d. h. alle Wurzeln der Gleichung

$$\frac{z^p - 1}{z - 1} = 0.$$

Beseitigen wir analog durch Division auch diese Wurzeln, so erhalten wir endgültig:

$$f(z) = \frac{z^{p^2} - 1}{z^p - 1} = 0.$$

(Auch geometrisch ist diese Gemeinsamkeit der Wurzeln klar, indem ja z. B. bei der Neunteilung auch die Drittteile mit auftreten.)

Führen wir jetzt die Division aus, so erhalten wir die p Glieder:

$$z^{p(p-1)} + z^{p(p-2)} + \cdots + z^p + 1,$$

und durch die Substitution

$$z = x + 1$$

folgt:

$$(x+1)^{p(p-1)} + (x+1)^{p(p-2)} + \cdots + (x+1)^p + 1.$$

Da wir hier p Glieder haben, so lautet nach der Entwicklung das constante Glied jedenfalls: p, und die ganze Summe hat augenscheinlich die Form:

$$x^{p(p-1)} + p \cdot \chi(x),$$

wo $\chi(x)$ ein Polynom mit ganzen Coefficienten darstellt, dessen Glied nullter Ordnung gleich 1 ist. Wie wir aber in 7. zeigten, ist ein solcher Ausdruck ganz allgemein irreducibel. Also ist auch *die neue Kreistheilungsgleichung* $f(z) = 0$ *wiederum irreducibel.*

Nun ist der Grad dieser Gleichung $p(p-1)$. Da aber eine irreducible Gleichung nur dann (möglicherweise) durch Quadratwurzeln gelöst werden kann, wenn ihr Grad eine Potenz von 2 ist, *so beschränkt sich die Möglichkeit der Kreistheilung in Primzahlquadratteile auf den Fall* $p = 2$, *also* $p^2 = 4$.

Mit der Unmöglichkeit der Teilung in p^2 Teile ist aber, wie wir bemerkten, die Unmöglichkeit der Teilung in p^α Teile, wo $\alpha > 2$, von selbst gegeben.

IV. Kapitel.
Die Construction des regulären 17-Ecks.

1. Nachdem wir somit eingesehen haben, dass nur für die oben angegebenen Gauss'schen Primzahlen die Kreistheilung durch Zirkel und Lineal möglich sein kann, wird es von Interesse sein, zu erfahren, dass sich und wie sich im Einzelnen die Construction wirklich ausführen lässt. So soll es denn Aufgabe dieses Kapitels sein, in elementarer Weise die Methode auseinanderzulegen, nach der sich speciell das reguläre Siebzehneck in den Kreis einzeichnen lässt.

Da wohl bislang aus rein geometrischen Erwägungen noch keine Constructionsmethode gefunden ist, so werden wir zu diesem Zwecke denselben Weg einschlagen müssen, auf dem sich unsere allgemeinen Betrachtungen bewegten. Danach haben wir zunächst die algebraische Seite der Aufgabe ins Auge zu fassen, d. h. die Wurzeln der in Betracht kommenden Gleichung 16ten Grades:

$$x^{16} + x^{15} + \cdots + x^2 + x + 1 = 0$$

zu untersuchen und dann den aus ihr resultierenden Quadratwurzelausdruck geometrisch zu construiren.

Nun ist bekanntlich die transcendente Form der Wurzeln:

$$\varepsilon_\varkappa = \cos \frac{2\varkappa\pi}{17} + i \sin \frac{2\varkappa\pi}{17} \quad (\varkappa = 1, 2, \ldots 16),$$

und wenn wir

$$\varepsilon_1 = \cos \frac{2\pi}{17} + i \sin \frac{2\pi}{17}$$

setzen, so ist

$$\varepsilon_\varkappa = \varepsilon_1^\varkappa.$$

20 Das reguläre 17-Eck.

Geometrisch stellen sich diese Wurzeln in der complexen Ebene als die von 1 verschiedenen Ecken des regulären 17-Ecks dar, welches in den Einheitskreis, wie nebenstehend, eingezeichnet ist.

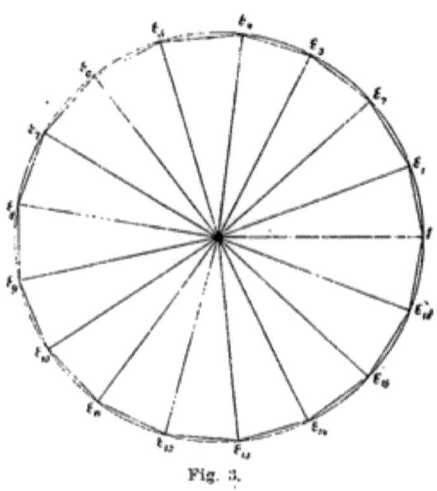

Fig. 3.

Dabei ist es an sich willkürlich, dass wir die Wurzel ε_1 bevorzugt haben; aber wenn wir uns die Aufgabe stellen, die verschiedenen ε zu construieren, ist es zur Präcisierung der Frage notwendig, genau zu sagen, mit welchem ε wir beginnen wollen, also ein ε, z. B. ε_1 auszuzeichnen. Haben wir erst speciell ε_1 gefunden, so ergeben sich die zu den andern ε_z gehörigen Winkel einfach als das z-fache des zu ε_1 gehörigen, wodurch auch die ε_z selbst bestimmt sind.

Der Grundgedanke der Lösung geht davon aus, *dass man die 16 Wurzeln in bestimmter Weise in einen Cyklus ordnen kann,* und zwar dadurch, *dass man eine Primitivwurzel für den Zahlenmodul 17 heranzieht.*

Wie wir bereits früher erwähnten, heisst eine Zahl a Primitivwurzel zum Modul 17, wenn die Congruenz

$$a^s \equiv +1 \pmod{17}$$

als kleinste Lösung $s = 17 - 1 = 16$ hat. Die Zahl 3 hat nun in Bezug auf mod. 17 diese Eigenschaft. Denn es ist:

$$\left.\begin{array}{llll} 3^1 \equiv 3 & 3^5 \equiv 5 & 3^9 \equiv 14 & 3^{13} \equiv 12 \\ 3^2 \equiv 9 & 3^6 \equiv 15 & 3^{10} \equiv 8 & 3^{14} \equiv 2 \\ 3^3 \equiv 10 & 3^7 \equiv 11 & 3^{11} \equiv 7 & 3^{15} \equiv 6 \\ 3^4 \equiv 13 & 3^8 \equiv 16 & 3^{12} \equiv 4 & 3^{16} \equiv 1 \end{array}\right\} \text{mod. 17.}$$

Ordnen wir jetzt die Wurzeln ε_k so, dass ihre Exponenten dieselbe Reihenfolge wie die obigen Reste bilden, so erhalten wir:

$$\varepsilon^3, \varepsilon^9, \varepsilon^{10}, \varepsilon^{13}, \varepsilon^5, \varepsilon^{15}, \varepsilon^{11}, \varepsilon^{16}, \varepsilon^{14}, \varepsilon^8, \varepsilon^7, \varepsilon^4, \varepsilon^{12}, \varepsilon^2, \varepsilon^6, \varepsilon^1.$$

Darin ist jede Wurzel die dritte Potenz der ihr vorangehenden. Dies lässt sich leicht verificieren; z. B. ist

$$\varepsilon^{16} = (\varepsilon^{11})^3 = \varepsilon^{33} = \varepsilon^{17} \cdot \varepsilon^{16} = \varepsilon^{16}.$$

Die Gauss'sche Methode besteht nun darin, den angegebenen Cyklus in 8-, 4-, 2- und eingliedrige „Perioden" zu zerlegen, entsprechend den Factoren, in welche sich die Zahl 16 zerlegen lässt. Wir werden das sogleich noch genauer ausführen. Des Näheren versteht Gauss unter „Periode" die *Summe* der in einer solchen Unterabteilung stehenden Wurzeln. Die so verstandenen Perioden lassen sich dann der Reihe nach durch quadratische Gleichungen berechnen.

Das hiermit geschilderte Verfahren bei der Teilung in 17 Teile ist übrigens nur ein specieller Fall davon, wie man im Allgemeinen bei der p-Teilung vorgeht. Auch hier werden die $p-1$ Wurzeln vermittelst einer Primitivwurzel des Moduls p cyklisch geordnet, und aus ihnen dann Perioden gebildet, welche sich durch Hülfsgleichungen bestimmen. Der Grad der letzteren hängt dabei von den Primfactoren der Zahl $p-1$ ab, man braucht also nicht grade wie oben Gleichungen 2ten Grades zu erhalten.

Der Fall eines allgemeinen p ist ausführlich, ausser natürlich von Gauss selbst in den Disquisitiones, beispielsweise von Bachmann in seiner Schrift: „Die Lehre von der Kreisteilung" (Leipzig, 1872), behandelt worden.

3. Um aus unsern 16 Wurzeln die ersten 8-gliedrigen Perioden zu bilden, beginnen wir bei dem Exponenten 9, gehen immer um zwei Schritte vorwärts und addieren die so erhaltenen Glieder. Lassen wir der Einfachheit halber überall die Basis ε weg, so wird die erste 8-gliedrige Periode:

$$9 + 13 + 15 + 16 + 8 + 4 + 2 + 1 = \eta_0.$$

Die zweite ist dann:

$$3 + 10 + 5 + 11 + 14 + 7 + 12 + 6 = \eta_1.$$

Diese Perioden zerlegen wir nach demselben Princip und gewinnen aus η_0 die viergliedrigen Perioden η_0' und η_1' und aus η_1 die entsprechenden (η_0') und (η_1'), also:

$$13 + 16 + 4 + 1 = \eta_0',$$
$$9 + 15 + 8 + 2 = \eta_1',$$
$$3 + 5 + 14 + 12 = (\eta_0'),$$

und

$$10 + 11 + 7 + 6 = (\eta_1').$$

Dasselbe Schema liefert uns die zwei- und eingliedrigen Perioden als:

$$16 + 1 = \eta_0'',$$
$$13 + 4 = \eta_1'' \text{ u. s. f.}$$

und
$$\eta_0''' = 1,$$
$$\eta_1''' = 16 \text{ u. s. f.}$$

Diese Perioden können nun successive durch Quadratwurzeln berechnet werden, wie wir sofort zeigen werden. Vorab eine kleine Hülfsbetrachtung.

4. Da, wie die Figur 3 zeigt, die Wurzeln 1 und 16, 2 und 15 etc. conjugiert imaginär sind, so dürfen wir setzen

$$16 + 1 = 2\cos\frac{2\pi}{17} = C_1,$$
$$15 + 2 = 2\cos\frac{4\pi}{17} = C_2 \text{ u. s. f.},$$

wo die $C_\varkappa$ reell sind. Die Perioden, welche wir sofort zu berechnen haben werden, nehmen dadurch folgende Gestalt an:

$$\eta_0 = C_1 + C_2 + C_4 + C_8,$$
$$\eta_1 = C_3 + C_5 + C_6 + C_7,$$
$$\eta_0' = C_4 + C_1, \quad (\eta_0') = C_3 + C_5,$$
$$\eta_1' = C_8 + C_2, \quad (\eta_1') = C_6 + C_7.$$

Diese Perioden sind demnach alle reelle Zahlen.

5. Um nun auf eine bestimmte Einheitswurzel z. B. ε_1 hinauszukommen, ist es nötig, einen vorläufigen Ueberblick über die gegenseitigen Grössenverhältnisse der Perioden zu gewinnen. Zu diesem Zwecke bedienen wir uns des folgenden Kunstgriffes. Wir teilen die Hälfte des Einheitskreises in 17 gleiche Teile und bezeichnen der Reihe nach die Entfernungen der Teilpunkte vom Punkte O mit

$$S_1, S_2, \ldots S_{17},$$

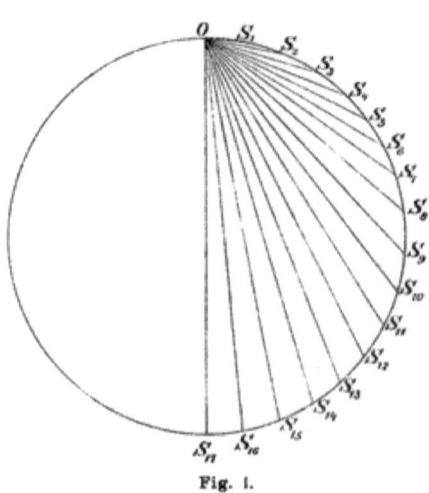

Fig. 1.

welches letztere den Durchmesser des Einheitskreises bedeutet, also gleich 2 ist. Dann folgt daraus, dass

$$S_\varkappa = 2\sin\frac{2\varkappa\pi}{34}.$$

Zwischen den C und S bestehen aber folgende Relationen:

$$C_1 = S_{13}, \qquad C_5 = -S_3,$$
$$C_2 = S_9, \qquad C_6 = -S_7,$$
$$C_3 = S_5, \qquad C_7 = -S_{11},$$
$$C_4 = S_1, \qquad C_8 = -S_{15}.$$

Man überzeugt sich hiervon leicht, denn es ist beispielsweise

$$C_1 = 2\cos\frac{2\pi}{17} = 2\cos\left(\frac{17\pi}{34} - \frac{13\pi}{34}\right) = 2\sin\frac{13\pi}{34} = S_{13},$$

oder

$$C_5 = 2\cos\frac{10\pi}{17} = 2\cos\left(\frac{17\pi}{34} + \frac{3\pi}{34}\right) = -2\sin\frac{3\pi}{34} = -S_3.$$

Die Grössenverhältnisse der S können wir nun unmittelbar aus der Figur ablesen, wobei wir sehen, dass deren Grössen mit ihren Indices wachsen.

Bilden wir jetzt

$$\eta_0 - \eta_1 = S_{13} + S_9 + S_{11} + S_7 + S_3 + S_1 - S_{15} - S_5,$$

so ist sicher $S_{13} + S_9 > S_{15}$ und $S_{11} > S_5$, also ist

$$\eta_0 > \eta_1.$$

Analog erhalten wir

$$(\eta_0') - (\eta_1') = S_{11} + S_7 + S_5 - S_3,$$

was gewiss grösser als 0 ist, da schon $S_5 > S_3$; daraus folgt

$$(\eta_0') > (\eta_1').$$

In ähnlicher Weise ist

$$\eta_0' - \eta_1' = S_{15} + S_{13} - S_9 + S_1,$$

wo S_{15} und S_{13} grösser als S_9 sind. Demnach ist

$$\eta_0' > \eta_1'.$$

Endlich ist

$$\eta_0'' - \eta_1'' = C_1 - C_4 = S_{13} - S_1 > 0,$$

so dass auch

$$\eta_0'' > \eta_1''$$

ist. Alle diese Periodendifferenzen sind demnach reelle positive Zahlen.

Uebrigens gilt auch die Beziehung:

$$(\eta_0' - \eta_1')\big((\eta_0') - (\eta_1')\big) = 2(\eta_0 - \eta_1).$$

Führt man nämlich die Multiplication aus, so erhält man in vereinfachter Bezeichnung:

$$(13+16+4+1-9-15-8-2)(3+5+14+12-10-11-7-6)$$
$$= 16 + 1 + 10 + 8 - 6 - 7 - 3 - 2$$
$$+ 2 + 4 + 13 + 11 - 9 - 10 - 6 - 5$$
$$+ 7 + 9 + 1 + 16 - 14 - 15 - 11 - 10$$
$$+ 4 + 6 + 15 + 13 - 11 - 12 - 8 - 7$$
$$- 12 - 14 - 6 - 4 + 2 + 3 + 16 + 15$$
$$- 1 - 3 - 12 - 10 + 8 + 9 + 5 + 4$$
$$- 11 - 13 - 5 - 3 + 1 + 2 + 15 + 14$$
$$- 5 - 7 - 16 - 14 + 12 + 13 + 9 + 8$$
$$= 2(16 + 1 + 8 + 2 + 4 + 13 + 15 + 9$$
$$- 10 - 6 - 7 - 3 - 11 - 5 - 14 - 12)$$
$$= 2(\eta_0 - \eta_1).$$

Sind also zwei der obigen Periodendifferenzen positiv, so ist es auch die dritte, was mit unserer directen Angabe stimmt.

6. Um nun die quadratischen Gleichungen, denen die Perioden genügen, aufzustellen, berechnen wir die symmetrische Functionen der Perioden.

Da $\eta_0 + \eta_1$ gleich der Summe der 16 Wurzeln ist, ist offenbar
$$\eta_0 + \eta_1 = -1.$$

Um $\eta_0 \cdot \eta_1$ zu berechnen, bilden wir uns ganz dasselbe Multiplicationsschema wie in 5., nur dass alle Wurzeln positiv zu nehmen sind. Dann sieht man, dass im ausmultiplicirten Producte jede Wurzel viermal vorkommt. Es ist demnach
$$\eta_0 \cdot \eta_1 = -4.$$

Daraus erhalten wir die quadratische Gleichung
$$\eta^2 + \eta - 4 = 0$$
mit den Wurzeln
$$\eta_0 = \frac{-1 + \sqrt{17}}{2}, \quad \eta_1 = \frac{-1 - \sqrt{17}}{2}.$$

Wir haben darin bereits über das Vorzeichen der Quadratwurzel entschieden, da nach unserer Zwischenbetrachtung $\eta_0 > \eta_1$ sein muss.

Der zweite Schritt ist die Berechnung von η_0' und η_1'. Wir haben
$$\eta_0' + \eta_1' = \eta_0$$
und finden, wenn wir, wie oben,
$$\eta_0' \cdot \eta_1' = (13 + 4 + 16 + 1)(8 + 9 + 15 + 2)$$

ausmultipliciren, dieses Product gleich der Summe aller Wurzeln, folglich
$$\eta_0' \cdot \eta_1' = -1.$$
Das giebt die zweite quadratische Gleichung:
$$\eta'^2 - \eta_0 \eta' - 1 = 0$$
mit den Lösungen
$$\eta_0' = \frac{\eta_0 + \sqrt{\eta_0^2 + 4}}{2}, \quad \eta_1' = \frac{\eta_0 - \sqrt{\eta_0^2 + 4}}{2}.$$

Ganz analog ist
$$(\eta_0') + (\eta_1') = \eta_1$$
und
$$(\eta_0') \cdot (\eta_1') = -1.$$
Also haben wir als dritte Gleichung:
$$(\eta')^2 - \eta_1(\eta') - 1 = 0,$$
woraus folgt:
$$(\eta_0') = \frac{\eta_1 + \sqrt{\eta_1^2 + 4}}{2}, \quad (\eta_1') = \frac{\eta_1 - \sqrt{\eta_1^2 + 4}}{2}.$$

Zur Aufstellung der vierten Gleichung berechnen wir endlich
$$\eta_0'' + \eta_1'' = \eta_0'$$
und
$$\eta_0'' \cdot \eta_1'' = (16 + 1)(13 + 4) = 12 + 3 + 14 + 5 = (\eta_0').$$
Die Gleichung lautet somit:
$$\eta''^2 - \eta_0' \cdot \eta'' + (\eta_0') = 0$$
und hat die Wurzeln:
$$\eta_0'' = \frac{\eta_0' + \sqrt{\eta_0'^2 - 4(\eta_0')}}{2}, \quad \eta_1'' = \frac{\eta_0' - \sqrt{\eta_0'^2 - 4(\eta_0')}}{2}.$$

Auf diese Weise haben wir $\eta_0'' = C_1$ wirklich durch eine Reihenfolge von Quadratwurzeln berechnet.

Wollen wir darauf η_0'' in eine Normalform bringen, so ist zu berücksichtigen, dass von den vier aufgestellten Quadratwurzelausdrücken der eine durch die übrigen rational darstellbar ist.

Benutzen wir nämlich die früher aufgestellte Gleichung
$$(\eta_0' - \eta_1')\big((\eta_0') - (\eta_1')\big) = (\eta_0 - \eta_1),$$
so finden wir, dass
$$\sqrt{\eta_0^2 + 4} \cdot \sqrt{\eta_1^2 + 4} = 2\sqrt{17}$$
sein muss. $\sqrt{\eta_1^2 + 4}$ lässt sich also durch die beiden vorangegangenen Quadratwurzeln rational ausdrücken.

Setzen wir für die η der Reihe nach die numerischen Werte ein, so erhalten wir daraufhin:

$$\eta_0 = \frac{-1+\sqrt{17}}{2},$$

$$\eta_0' = \frac{-1+\sqrt{17}+\sqrt{34-2\sqrt{17}}}{4},$$

$$(\eta_0)' = \frac{-1-\sqrt{17}+\sqrt{34+2\sqrt{17}}}{4},$$

$$\eta_0'' = \frac{-1+\sqrt{17}+\sqrt{34-2\sqrt{17}}}{8}$$
$$+ \frac{\sqrt{68+12\sqrt{17}-16\sqrt{34+2\sqrt{17}}-2(1-\sqrt{17})\sqrt{34-2\sqrt{17}}}}{8}.$$

Damit sind wir mit der algebraischen Theorie vollkommen fertig, und da es, wie bereits früher bemerkt, wohl bis jetzt keine nur aus geometrischen Erwägungen hervorgegangene Construction des 17-Ecks giebt, so wird es sich jetzt nur mehr um die geometrische Uebersetzung der einzelnen algebraischen Schritte handeln.

7. Es sei gestattet, hier einen geschichtlichen Excurs über geometrische Constructionen mit Zirkel und Lineal einzuschalten.

In der Geometrie der Alten wird Zirkel und Lineal immer nebeneinander gebraucht, und die Kunst besteht nur darin, die einzelnen Stücke der Figur so gegen einander zu legen, dass man nicht Unnötiges zu zeichnen braucht. Ob die einzelnen Schritte mit dem Zirkel oder mit dem Lineal gemacht werden, ist dabei nicht unterschieden.

Dem gegenüber hat im Jahre 1797 der Italiener Mascheroni den erfolgreichen Versuch gemacht, in seiner „geometria del compasso" (Geometrie des Zirkels) alle Constructionen nur mit diesem Instrumente allein auszuführen, wobei er behauptet, die Constructionen mit dem Zirkel seien praktisch genauer, als die mit dem Lineal ausgeführten. Er schreibt, wie er ausdrücklich betont, für den Mechaniker, also mit einem durchaus praktischen Zweck vor Augen. Das Originalwerk Mascheroni's ist schwer zu lesen, und es ist dankenswert, dass es einen kleinen deutschen Auszug giebt von Hutt, die Mascheroni'schen Constructionen. (1880, Halle.)

Bald darauf haben die Franzosen, besonders die Schüler Carnot's, des Verfassers der „géométrie de position", umgekehrt ihr Augenmerk darauf gerichtet, möglichst viel durch gerade Linien zu construieren. (Vergl. auch Lambert, Freie Perspective, 1774.)

Das reguläre 17-Eck.

Man wird hier die Frage aufwerfen und sie sehr rasch algebraisch beantworten: Wann lässt sich ein algebraisches Problem mit dem Lineal allein ohne Hülfe des Zirkels construieren? Die Antwort wird von jenen Autoren vielleicht nicht so explicite gegeben. Wir werden sagen:

Mit dem Lineal allein können wir alle algebraischen Ausdrücke construieren, deren algebraische Form rational ist.

In ähnlichem Sinne veröffentlichte Brianchon im Jahre 1818 ein Schriftchen: „Les applications de la théorie des transversales", worin er zeigt, wie man sich in vielen Fällen mit dem Lineal allein behelfen kann. Auch er legt Nachdruck auf die praktische Verwertung seiner Methoden, die hauptsächlich für die Vermessungsarbeiten im Felde berechnet sind.

Poncelet war es, der in seinem „traité des propriétés projectives" zuerst den Gedanken ausgesprochen hat (Bd. I, Nr. 351–357), dass man nur *einen einzigen festen Kreis* zu den geraden Linien der Ebene hinzunehmen muss, um alle Quadratwurzelausdrücke zu construieren. Der Mittelpunkt des festen Kreises muss übrigens hierbei mit gegeben sein.

Dieser Gedanke ist von Steiner 1833 in einem berühmten Schriftchen ausgeführt, das den Titel trägt: „Die geometrischen Constructionen, ausgeführt mittels der geraden Linie und eines festen Kreises, als Lehrgegenstand für höhere Unterrichtsanstalten und zum Selbstunterricht".

8. Was nun die geometrische Construction des 17-Ecks angeht, so nehmen wir Anschluss an eine Arbeit von v. Staudt in Crelle 24 (1842), die später von Schröter in Crelle 75 (1872) noch etwas umgesetzt ist. Die Construction des 17-Ecks ist hierin nach den Vorschriften von Poncelet und Steiner ausgeführt, indem neben dem Lineal nur *ein fester Kreis* benutzt wird*).

Zunächst soll gezeigt werden, *wie man mit Hülfe eines festen Kreises und des Lineals jede quadratische Gleichung lösen kann.*

Wir ziehen (s. Fig. I der beigegebenen Tafel) an den Endpunkten des Durchmessers des festen Einheitskreises zwei Tangenten und wählen die untere zur x-Axe und den senkrecht darauf stehenden Durchmesser zur y-Axe. Dann ist die Gleichung des Kreises

$$x^2 + y(y-2) = 0.$$

Es sei nun irgend eine quadratische Gleichung mit reellen Wurzeln x_1 und x_2 gegeben. Sie laute:

---

*) Eine Construction des 17-Ecks nach Mascheroni nur mit dem Zirkel ist noch nicht versucht, obgleich sie jedenfalls möglich ist.

$$x^2 - px + q = 0.$$

Die Aufgabe sei die, die beiden Wurzeln x_1 und x_2 auf der x-Axe zu construiren. Dazu verfährt man folgendermassen:

Man trägt auf der oberen Tangente von A aus nach rechts das Stück $\frac{4}{p}$ und auf der x-Axe von O aus das Stück $\frac{q}{p}$ ab. Verbindet man dann die Endpunkte dieser beiden Strecken durch die Gerade 3 und projicirt man die Durchschnittspunkte dieser Geraden mit dem Kreise von A aus durch die Strahlen 1 und 2 auf die x-Axe, so schneiden diese beiden auf der letzteren die gesuchten Stücke x_1 und x_2 ab.

Beweis: Wir wollen die Abschnitte auf der x-Axe bereits x_1 und x_2 nennen, dann lautet die Gleichung

der Linie 1: $2x + x_1(y-2) = 0$

und die

der Linie 2: $2x + x_2(y-2) = 0$.

Multiplicieren wir die linken Seiten der beiden Gleichungen mit einander, so folgt

$$x^2 + \frac{x_1 + x_2}{2} x(y-2) + \frac{x_1 x_2}{4}(y-2)^2 = 0$$

als Gleichung des von 1 und 2 gebildeten Linienpaares. Zieht man hiervon die Kreisgleichung ab, so ergiebt sich:

$$\frac{x_1 + x_2}{2} x(y-2) + \frac{x_1 x_2}{4}(y-2)^2 - y(y-2) = 0.$$

Das ist jedenfalls die Gleichung eines Kegelschnitts, der durch die vier Schnittpunkte der Linien 1 und 2 mit dem Kreise hindurchgeht. Von dieser Gleichung können wir aber die Tangente

$$y - 2 = 0$$

abtrennen, so dass nur übrig bleibt:

$$\frac{x_1 + x_2}{2} x + \frac{x_1 x_2}{4}(y-2) - y = 0.$$

Das ist also die Gleichung der geraden Linie 3. Setzen wir jetzt $x_1 + x_2 = p$ und $x_1 x_2 = q$, so erhalten wir:

$$\frac{p}{2} x + \frac{q}{4}(y-2) - y = 0,$$

und *die Transversale 3 schneidet demnach von der Linie $y = 2$ das Stück $\frac{4}{p}$ und von der Linie $y = 0$ das Stück $\frac{q}{p}$ ab.* Damit ist die Richtigkeit der Construction erwiesen.

Das reguläre 17-Eck.

9. Nach der in 8. gegebenen Vorschrift wollen wir jetzt das Siebzehneck zu construieren suchen. Wir haben zu diesem Zweck folgende vier quadratische Gleichungen zu lösen:

$\eta^2 - \eta + 4 = 0$; mit den Wurzeln η_0 und η_1, wo $\eta_0 > \eta_1$,
$\eta'^2 - \eta_0 \eta' - 1 = 0$, „ „ „ η_0' „ η_1', „ $\eta_0' > \eta_1'$,
$(\eta')^2 - \eta_1 (\eta') - 1 = 0$, „ „ „ (η_0') „ (η_1'), „ $(\eta_0') > (\eta_1')$,
$\eta''^2 - \eta_0' \eta'' + (\eta_0') = 0$, „ „ „ η_0'' „ η_1'', „ $\eta_0'' > \eta_1''$.

Diese werden uns $\eta_0'' = 2 \cos \dfrac{2\pi}{17}$ liefern, woraus die Seite des 17-Ecks leicht zu finden ist. Uebrigens sehen wir aus den Gleichungen, dass wir, um η_0'' zu bekommen, nur folgende Wurzeln brauchen:

$$\eta_0, \eta_1, \eta_0', (\eta_0').$$

Zur Construction sind ersichtlich auf der oberen Tangente $y = 2$ und auf der x-Axe der Reihe nach als Abschnitte abzutragen:

oben: -4, $+\dfrac{4}{\eta_0}$, $+\dfrac{4}{\eta_1}$, $+\dfrac{4}{\eta_0'}$,

unten: $+4$, $-\dfrac{1}{\eta_0}$, $-\dfrac{1}{\eta_1}$, $+\dfrac{(\eta_0')}{\eta_0'}$.

Diese ganze Angelegenheit lässt sich folgendermassen erledigen:

Die Gerade, welche den Punkt $+4$ auf der x-Axe mit dem Punkte -4 auf der Tangente $y = 2$ verbindet, schneidet den Kreis in zwei Punkten, deren Projection vom Punkte $x=0$, $y=2$ aus, dem *oberen Scheitel* des Kreises, die beiden Wurzeln η_0 und η_1

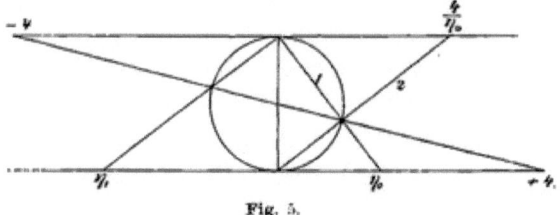

Fig. 5.

der ersten quadratischen Gleichung als Abschnitte auf der x-Axe giebt.

Um die zweite Gleichung zu lösen, müssen wir oben $+\dfrac{4}{\eta_0}$ und unten $-\dfrac{1}{\eta_0}$ abtragen.

Um den ersteren Punkt zu finden, verbinden wir η_0 auf der x-Axe mit dem oberen Scheitel und ziehen vom unteren Scheitel durch den Schnittpunkt dieser Geraden mit dem Kreise eine weitere

Gerade. Diese schneidet auf der oberen Tangente $\frac{4}{\eta_0}$ ab. Es lässt sich dies leicht analytisch beweisen.

Die Gleichung der Geraden 1 (s. Fig. 5)
$$2x + \eta_0 y = 2\eta_0$$
und die des Kreises
$$x^2 + y(y-2) = 0$$
geben als die Coordinaten ihres Durchschnittspunktes:
$$x_1 = \frac{4\eta_0}{\eta_0^2 + 4}, \quad y_1 = \frac{2\eta_0^2}{\eta_0^2 + 4}.$$
Dann wird die Gleichung der Geraden 2:
$$y = \frac{\eta_0}{2} x.$$
Ihr Durchschnittspunkt mit $y = 2$ ist folglich
$$x_2 = \frac{4}{\eta_0}.$$

Noch einfacher gelangen wir mit einigen elementar-projectiven Betrachtungen zu demselben Ziel. Durch unsere Construction haben wir offenbar jedem Punkte x der unteren Punktreihe einen und nur einen Punkt x' der oberen zugeordnet, so zwar, dass dem Punkte $x = \infty$ der Punkt $x' = 0$ entspricht und umgekehrt. Da bei einer solchen Zuordnung ein linearer Zusammenhang bestehen muss, so wird die Abscisse x' des oberen Punktes die Gleichung erfüllen:
$$x' = \frac{\text{const.}}{x}.$$
Setzen wir $x = 2$, so muss auch, wie aus der Figur hervorgeht, $x' = 2$ sein; es ist also const. $= 4$.

Zur Bestimmung von $-\frac{1}{\eta_0}$ auf der x-Axe verbinden wir den Punkt -4 auf der oberen mit dem Punkte $+1$ auf der unteren Tangente. Den hierdurch auf dem verticalen Durchmesser bestimmten Punkt verbinden wir mit dem Punkte $\frac{4}{\eta_0}$ oben. Diese Gerade schneidet auf der x-Axe das Stück $-\frac{1}{\eta_0}$ ab. Denn die Gerade 1
$$5y + 2x = 2$$
und der verticale Durchmesser schneiden sich im Punkte $x_1 = 0$, $y_1 = \frac{2}{5}$; folglich ist die Gleichung der Geraden 2

$$5y - 2\eta_0 x = 2,$$

und ihr Schnittpunkt mit der unteren Tangente hat die Abscisse $-\dfrac{1}{\eta_0}$.

Die Projection der Schnittpunkte der Geraden 2 mit dem Kreise vom oberen Scheitel aus giebt auf der x-Axe die beiden Wurzeln der zweiten quadratischen Gleichung, von denen wir aber,

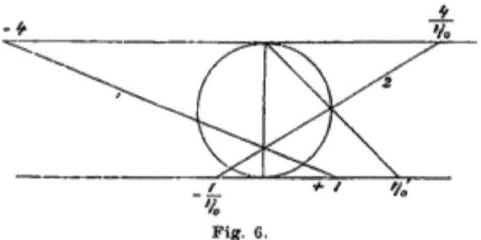

Fig. 6.

wie wir sahen, nur die grössere η_0' gebrauchen. Diese entspricht, wie die Figur 6 zeigt, der Projection des oberen Schnittpunktes unserer Transversalen mit dem Kreise.

Ganz analog erhalten wir die Wurzeln der dritten Gleichung zweiten Grades. Wir projicieren vom unteren Scheitel aus den Durchschnittspunkt des Kreises mit der Geraden, welche auf der x-Axe die Wurzel $+\eta_1$ gab, auf die obere Tangente. Das giebt sogleich das Stück $+\dfrac{4}{\eta_1}$, vermöge der soeben dargelegten Zuordnung. Verbinden wir alsdann diesen Punkt mit dem Durchschnittspunkt der durch -4 oben und $+1$ unten gelegten Geraden mit dem verticalen Durchmesser, so schneiden wir damit auf der x-Axe, wie verlangt, das Stück $-\dfrac{1}{\eta_1}$ ab. Projicieren wir noch denjenigen Durchschnittspunkt dieser

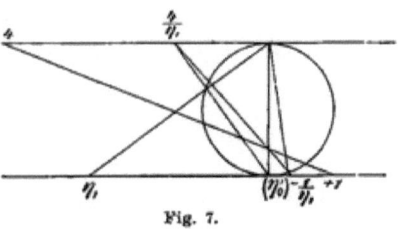

Fig. 7.

Transversalen mit dem Kreise, welcher im positiven Quadranten liegt, vom oberen Scheitel aus auf die x-Axe, so haben wir bereits die für uns wichtige Wurzel (η_0') der dritten quadratischen Gleichung construiert.

Wir haben schliesslich noch die Wurzel η_0'' der vierten quadratischen Gleichung zu suchen und hierzu oben $\dfrac{4}{\eta_0}$, und unten $\dfrac{(\eta_0')}{\eta_0}$ abzutragen. Die erste Aufgabe erledigen wir in der bekannten Weise, indem wir den Schnittpunkt des Kreises mit der geraden

Linie, welche den oberen Scheitel mit $+\eta_0'$ unten verbindet, vom unteren Scheitel aus auf die obere Tangente projicieren, wodurch wir dort $\frac{4}{\eta_0}$, erhalten. Um das andere Stück abzutragen, verbinden wir den Punkt $+4$ oben mit (η_0') unten und danach den so auf dem verlängerten verticalen Durchmesser bestimmten Punkt mit $\frac{4}{\eta_0}$.

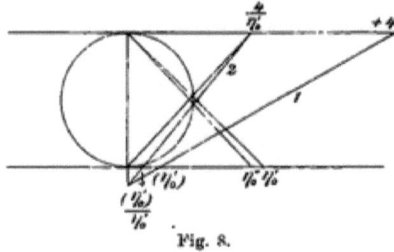

Fig. 8.

Diese Linie schneidet auf der x-Axe gerade das gewünschte Stück $\frac{(\eta_0')}{\eta_0}$ ab. Denn die Linie 1 (s. Fig.) hat die Gleichung

$$\big((\eta_0') - 4\big)\, y + 2x = 2(\eta_0').$$

Sie schneidet auf dem verticalen Durchmesser $\frac{2(\eta_0')}{(\eta_0') - 4}$ ab. Die Gleichung der Linie 2 ist demnach

$$2\eta_0'\, x + \big((\eta_0') - 4\big)\, y = 2(\eta_0'),$$

und ihr Durchschnittspunkt mit der x-Axe hat die Abscisse $\frac{(\eta_0')}{\eta_0}$.

Projicieren wir noch den oberen Durchschnittspunkt der Geraden 2 mit dem Kreise auf die x-Axe vom oberen Scheitel aus, so erhalten wir $\eta_0'' = 2\cos\frac{2\pi}{17}$. Will man den einfachen Cosinus selber haben, so zeichnet man zweckmässig einen horizontalen Durchmesser, auf dem dann unser letzter Projectionsstrahl direct $\cos\frac{2\pi}{17}$ abschneidet. Eine in diesem Punkte errichtete Senkrechte giebt sofort die erste und sechzehnte Ecke des regulären 17-Ecks.

Die Periode η_0'' war willkührlich gewählt, man könnte statt ihrer jede andere zweigliedrige Periode bestimmen und würde dann der Reihe nach die übrigen 7 in Frage kommenden Cosinus finden. Eine ausgeführte Construction des 17-Ecks bietet Fig. II der beigefügten Tafel.

V. Kapitel.

Allgemeines über algebraische Constructionen.

1. Indem wir die Constructionen mit Zirkel und Lineal nunmehr verlassen, wollen wir noch der Merkwürdigkeit halber erwähnen, dass neuerdings eine andere einfache Art zu construiren in Vorschlag gebracht worden ist, nämlich *das Falten von Papier*.

Hermann Wiener hat angegeben*), wie man sich durch Papierfalten die Netze der regulären Körper verschaffen kann. Eigentümlicher Weise hat zu derselben Zeit ein indischer Mathematiker, Sundara Row, in Madras, ein kleines Buch: „On paper folding", erscheinen lassen, in welchem derselbe Gedanke noch weitergehend verfolgt wird, indem beispielsweise gezeigt wird, wie man durch Papierfalten beliebig viele Punkte krummer Linien (z. B. Ellipse, Cissoide) construieren kann (London, Macmillan, 1893).

2. Wir wenden uns jetzt zu der Frage: „Mit welchen Hülfsmitteln ist es möglich, und insbesondere, wie haben es die Alten erreicht, Probleme, welche sich algebraisch in Form von kubischen Gleichungen und solchen höherer Grade darstellen, geometrisch zu lösen?" In erster Linie bieten sich hierzu die Kegelschnitte dar, und wurden auch in reichem Maasse von den Alten benutzt. Beispielsweise fanden sie, dass die Probleme der Würfelverdoppelung und der Dritttheilung des Winkels sich in der That mit Zuhülfenahme der Kegelschnitte lösen lassen. Wir wollen hier nur im Allgemeinen das Verfahren skizzieren, wobei wir uns der leichteren Uebersicht wegen der Sprache der modernen Mathematik bedienen.

Handelt es sich z. B. um die Auflösung einer kubischen Gleichung
$$x^3 + ax^2 + bx + c = 0,$$
oder einer biquadratischen
$$x^4 + ax^3 + bx^2 + cx + d = 0,$$
so setze man
$$x^2 = y.$$
Man hat dann für die kubische Gleichung
$$x^2 = y$$
und
$$xy + ay + bx + c = 0$$
und für die biquadratische
$$x^2 = y$$
und
$$y^2 + axy + by + cx + d = 0$$
neben einander zu betrachten. Man findet also in beiden Fällen die Wurzeln als die Abscissen der Durchschnittspunkte, welche zwei Kegelschnitte mit einander gemeinsam haben.

---

*) Vergl. den von Dyck herausgegebenen Katalog der Münchener mathematischen Ausstellung von 1893, Nachtrag pag. 52.

Die Gleichung
$$x^2 = y$$
stellt eine Parabel dar mit vertical stehender Axe. Die zweite Gleichung
$$xy + ay + bx + c = 0$$
bezeichnet eine Hyperbel, deren Asymptoten den Coordinatenaxen parallel laufen. Die Figur (s. Fig. III der Tafel) zeigt, dass von den vier Schnittpunkten nur drei im Endlichen liegen, der vierte ist der unendlich ferne Punkt der y-Axe.

Für den Fall der biquadratischen Gleichung bleibt die Parabel dieselbe. Die Hyperbel hat dagegen nur die horizontale Asymptote beibehalten, während die im vorigen Falle vertical stehende Asymptote hier geneigt ist. Jetzt haben die Curven (s. Fig. IV) vier Schnittpunkte im Endlichen.

Ausführlich werden die Verfahrensweisen der Alten behandelt u. a. in dem umfangreichen Werke von M. Cantor, *Geschichte der Mathematik* (Leipzig 1894, 2te Aufl.). Besonders interessant ist: Zeuthen, *die Kegelschnitte im Altertum* (Kopenhagen 1886, in deutscher Bearbeitung). Ich nenne noch als allgemeines Compendium: Baltzer, *Analytische Geometrie* (Leipzig 1882).

3. Ausser den Kegelschnitten benutzten die Alten zur Lösung der oben erwähnten Probleme auch höhere Curven, welche grade zu diesem Zwecke construiert wurden. Wir nennen hier nur die Cissoide und die Conchoide.

Die *Cissoide des Diokles* (ca. 150 v. Chr.) lässt sich auf folgende Weise zeichnen (s. Fig. V der Tafel). Man zieht an einen Kreis eine Tangente (in der Figur die verticale Tangente rechter Hand) und den zu ihr senkrechten Durchmesser. Den so fixierten Scheitel O der Curve verbindet man durch Strahlen mit der Tangente und trägt auf jedem Strahle von O aus das zwischen seinem Durchschnittspunkte mit der Tangente und dem Kreise liegende Stück ab. Der geometrische Ort aller dieser so erhaltenen Punkte ist die Cissoide.

Um ihre Gleichung aufzustellen, sei r der Radiusvector und ϑ der von ihm mit der x-Axe gebildete Winkel. Verlängern wir r bis zur Tangente rechts, so ist, wenn der Durchmesser des Kreises gleich 1 gesetzt wird, die Gesamtstrecke gleich $\frac{1}{\cos \vartheta}$. Das auf ihr vom Kreise abgeschnittene Stück ist dagegen $\cos \vartheta$. Die Differenz beider Strecken ist r, also ist:
$$r = \frac{1}{\cos \vartheta} - \cos \vartheta = \frac{\sin^2 \vartheta}{\cos \vartheta}.$$

Durch Einführung rechtwinkliger Coordinaten erhält die Curvengleichung die Form:
$$(x^2 + y^2)x - y^2 = 0.$$
Wie sich hieraus ergiebt, ist die Curve von der dritten Ordnung, sie hat im Anfangspunkt eine Spitze und liegt symmetrisch zur x-Axe. Die verticale Kreistangente, mit der wir die Construction begonnen, ist eine Asymptote der Cissoide. Uebrigens wird die unendlich ferne Gerade von der Cissoide in den Kreispunkten geschnitten.

Um zu zeigen, wie man mit dieser Linie das *Delische Problem* lösen kann, schreiben wir ihre Gleichung in folgender Form:
$$\left(\frac{y}{x}\right)^3 = \frac{y}{1-x}.$$
Construiren wir nun die Gerade
$$\frac{y}{x} = \lambda,$$
so schneidet diese auf der Tangente $x = 1$ das Stück λ ab und die Cissoide in einem Punkte, für welchen gelten muss:
$$\frac{y}{1-x} = \lambda^3.$$
Das ist die Gleichung einer geraden Linie, welche durch den Punkt $y = 0$, $x = 1$ geht, also die Verbindungslinie dieses Punktes mit dem Cissoidenpunkte.

Diese Gerade schneidet aber auf der y-Axe das Stück λ^3 ab (s. Fig. VI der Tafel).

Nun sehen wir, wie sich $\sqrt[3]{2}$ construiren lässt. Wir tragen auf der y-Axe das Stück 2 ab, verbinden diesen Punkt mit dem Punkte $x = 1$, $y = 0$ und ziehen durch den Schnittpunkt mit der Cissoide vom Anfangspunkt eine Gerade bis zur Tangente $x = 1$. Die Ordinate des Schnittpunktes auf dieser Tangente ist gleich $\sqrt[3]{2}$.

4. Die *Conchoide des Nikomedes* (ca. 150 v. Chr.) wird auf folgende Weise erhalten. Der feste Punkt O habe von einer Geraden den Abstand a. Legen wir dann durch O ein Strahlenbüschel und schneiden wir auf jedem Strahle von seinem Durchschnittspunkte mit der Geraden aus nach rechts und links die Strecke b ab, so ist der geometrische Ort der so bestimmten Punkte die Conchoide. Dieselbe ist (s. Fig. VII und VIII) eine „gestreckte" oder eine „verschlungene", je nachdem $b \lessgtr a$ ist. Für $b = a$ erhält man in O eine Spitze.

Die Gleichung der Linie ergiebt sich daraus, dass

$$r : x = b : (x - a),$$

woraus durch Einführung von y folgt:

$$(x^2 + y^2)(x - a)^2 = b^2 x^2.$$

Die Curve ist von 4. Ordnung, hat in O einen Doppelpunkt und besteht aus zwei getrennten Zweigen, deren gemeinsame Asymptote die Linie $x = a$ ist. Der Factor $(x^2 + y^2)$ zeigt, dass die Curve das unendlich Weite ausserdem in den Kreispunkten schneidet, was sofort wichtig wird.

Vermittelst dieser Linie kann man die Dreiteilung eines Winkels folgendermassen ausführen. Um den Winkel $\varphi = MOY$ (s. Fig. IX) in drei gleiche Teile zu teilen, ist auf seinem schrägen Schenkel die beliebige Strecke b bis zum Punkte M abgetragen. Um diesen wird darauf mit b ein Kreis beschrieben, und durch M senkrecht zur x-Axe, deren Anfangspunkt in O ist, eine Verticale gelegt, welche die Asymptote der von O aus zu zeichnenden Conchoide darstellt. Wir construiren jetzt die Conchoide. Wird der Schnittpunkt A der Conchoide mit dem Kreise mit O verbunden, so ist $\angle AOY$ der dritte Teil des Winkels φ, wie sich leicht aus der Figur ergiebt.

Unsere früheren Untersuchungen haben nun gezeigt, dass die Winkeldritteilung ein cubisches Problem vorstellt, zu dem somit drei Wurzeln gehören: $\frac{\varphi}{3}$, $\frac{\varphi + 2\pi}{3}$, $\frac{\varphi + 4\pi}{3}$. Eine jede algebraische Construction, welche mit Hülfe höherer Curven dieses Problem löst, muss offenbar immer zugleich sämtliche Lösungen liefern. Denn andernfalls wäre die Winkeldritteilungsgleichung reducibel, was wir widerlegt haben. Die verschiedenen Lösungen ergeben sich auch aus unsrer Figur. An und für sich haben Kreis und Conchoide acht Schnittpunkte gemeinsam. Allein es fallen von diesen zwei in den Anfangspunkt, wodurch für unser Problem nichts gewonnen ist, und zwei andere in die imaginären Kreispunkte. Demnach bleiben noch vier Schnittpunkte im Reellen. Wir hätten sonach anscheinend eine Lösung zu viel. Allein es scheidet auch noch der auf der Verlängerung des Schenkels OM liegende Schnittpunkt B aus, den wir von vorneherein rational construiren können. So bleiben in der That drei Schnittpunkte übrig, welche uns die sämtlichen drei Wurzeln liefern müssen, was die nähere Discussion bestätigt.

5. Bei all diesen Constructionen mittels höherer algebraischer Curven bleibt noch die Frage nach der praktischen Ausführung

offen. Um eine solche zu bewerkstelligen, braucht man Apparate, welche die Linie in einem Zuge liefern; denn eine punktweise Construction ist nur eine Näherungsmethode. Solche Apparate sind vielfach verfertigt worden und waren zum Teil schon den Alten bekannt. Nikomedes erfand eine einfache Vorrichtung — es ist die älteste derartige neben Lineal und Zirkel —, mit welcher sich eine Conchoide zeichnen lässt (s. M. Cantor, Bd. I, S. 302).

Ein Verzeichnis neuerdings construierter hierher gehöriger Instrumente findet sich im Dyck'schen Katalog pag. 227—230 und 340 des Hauptteils und pag. 42—43 des Nachtrages.

Zweiter Abschnitt.
Die transcendenten Zahlen und die Quadratur des Kreises.

I. Kapitel.
Der Cantor'sche Beweis von der Existenz transcendenter Zahlen.

1. Trägt man, wie üblich, die Zahlen als Punkte auf der Abscissenaxe auf, und beschränkt man sich dabei auf die rationalen Zahlen, so wird die Abscissenaxe durch die erhaltene Punktreihe „überall dicht" erfüllt, d. h. in jedem noch so kleinen Zwischenraume liegen unendlich viele solche Punkte. Doch wird, wie schon die Alten erkannten, hierdurch das Continuum nicht erschöpft; zwischen die rationalen schieben sich vielmehr die irrationalen Zahlen ein; die Frage müsste sein, ob sich innerhalb der irrationalen Zahlen auch noch Unterscheidungen machen lassen.

Wir definieren zunächst die sogenannten *algebraischen Zahlen*, indem wir sagen: Ist

$$a_0 \omega^n + a_1 \omega^{n-1} + \cdots + a_{n-1} \omega + a_n = 0$$

eine algebraische Gleichung mit ganzzahligen Coefficienten, so soll jede Wurzel dieser Gleichung (wobei für uns selbstverständlich nur die reellen Wurzeln in Betracht kommen) eine algebraische Zahl heissen. Die rationalen Zahlen ergeben sich hier als Specialfall aus der Gleichung

$$a_0 \omega + a_1 = 0.$$

Wir fragen nun insbesondere: Ist durch die Gesamtheit der reellen algebraischen Grössen ein Continuum hergestellt, oder haben wir in ihnen noch eine discrete Punktreihe, in deren Lücken sich andere Zahlen einreihen lassen? Diese neuen, die sogenannten *transcendenten* Zahlen, müssten also dadurch charakterisiert sein, dass sie nicht als Wurzeln einer algebraischen Gleichung mit ganzzahligen Coefficienten erhalten werden können.

Die berührte Frage ist zuerst von Liouville (Comptes rendus

1844, und Liouville's Journ. 16. 1851) beantwortet, und durch ihn in der That die Existenz transcendenter Zahlen nachgewiesen worden. Aber seine Betrachtungen, welche sich auf die Theorie der Kettenbrüche stützen, sind ziemlich complicirt. Wesentlich einfacher gestaltet sich die Untersuchung auf Grund der Entwicklungen, die Georg Cantor in einer Arbeit von fundamentaler Bedeutung: „Ueber eine Eigenschaft des Inbegriffes reeller algebraischer Zahlen" (Crelle Journ. 77. 1873), gegeben hat. Sein Beweis soll in Folgendem dargelegt werden, indem wir einen vereinfachenden Gedanken benutzen, welchen Cantor in einer allerdings etwas anderen Fassung auf der Naturforscherversammlung in Halle 1891 vorgetragen hat.

2. Der Beweis beruht darauf, dass die algebraischen Zahlen eine *abzählbare Menge* bilden, die transcendenten nicht. Cantor versteht darunter, dass erstere sich in einer gewissen Reihenfolge anordnen lassen, in welcher jede von ihnen einen bestimmten, gewissermassen numerierten Platz hat. Dieser Satz lässt sich auch so formulieren:

Die Mannigfaltigkeit der reellen algebraischen Zahlen und die Mannigfaltigkeit der positiven ganzen Zahlen können ein-eindeutig auf einander bezogen werden.

Wir kommen hier auf einen scheinbaren Widerspruch. Die positiven ganzen Zahlen bilden nur einen Teil der algebraischen; dadurch aber, dass jeder von den ersteren eine und nur eine von den letzteren zugeordnet wird, müsste der Teil gleich dem Ganzen sein. Dieser Einwand beruht auf einem falschen Analogieschluss. Der Satz, dass der Teil immer kleiner als das Ganze ist, verliert seine Gültigkeit für unendliche Mengen. So können wir z. B. den Inbegriff der ganzen positiven und den der geraden positiven Zahlen ein-eindeutig auf einander beziehen:

$$0 \; 1 \; 2 \; 3 \ldots n \ldots$$

$$0 \; 2 \; 4 \; 6 \ldots 2n \ldots$$

Bei unendlich grossen Mengen sind daher die Worte „gross" und „klein" nicht recht am Platze. Zum Ersatz hat Cantor den Namen „*Mächtigkeit*" eingeführt und sagt: *Zwei unendliche Mengen haben dieselbe Mächtigkeit, wenn sie sich ein-eindeutig auf einander beziehen lassen.* Der von uns zu beweisende Satz nimmt danach die Form an: *Der Inbegriff der reellen algebraischen Zahlen hat dieselbe Mächtigkeit wie der Inbegriff der ganzen positiven Zahlen.*

Wir erhalten die Gesamtheit der reellen algebraischen Zahlen.

indem wir alle reellen Wurzeln sämtlicher algebraischer Gleichungen von der Form
$$a_0\omega^n + a_1\omega^{n-1} + \cdots + a_{n-1}\omega + a_n = 0$$
aufsuchen, wobei wir die sehr natürliche Hypothese machen, dass alle a teilerfremd, a_0 positiv und die Gleichung irreducibel ist. Um nun diese gewonnenen Zahlen in eine bestimmte Reihenfolge zu bringen, führen wir den Begriff ihrer *Höhe* N ein, indem wir unter N den Ausdruck verstehen:
$$N = n - 1 + |a_0| + |a_1| + \cdots + |a_n|,$$
wo mit a_0, etc. in üblicher Weise die absoluten Werte gemeint sind. Zu einem bestimmten N gehört dann eine endliche Anzahl von algebraischen Gleichungen.

Denn erstens hat (bei gegebenem N) der Grad n eine obere Grenze, da rechts zu $n-1$ nur Positives hinzukommt, und ferner wird die Differenz $N-(n-1)$ gleichgesetzt einer Summe von lauter ganzzahligen, teilerfremden Grössen a_r, deren Anzahl offenbar auch eine endliche ist. Unter diesen Gleichungen sind noch die reduciblen zu entfernen, was im Princip keine Schwierigkeiten hat. Da demnach die zu einem gegebenen N gehörige Anzahl von Gleichungen beschränkt ist, *gehört zu einem bestimmten N nur eine endliche Menge algebraischer Zahlen*. Dieselbe bezeichnen wir mit $\varphi(N)$, und in folgender Tabelle sind $\varphi(1)$, $\varphi(2)$, $\varphi(3)$, $\varphi(4)$ und die zugehörigen algebraischen Zahlen ω berechnet.

N	n	$|a_0|$	$|a_1|$	$|a_2|$	$|a_3|$	a_4	Gleichung	$\varphi(N)$	ω
1	1	1	0				$x = 0$	1	0
	2	0	0	0			—		
2	1	2	0				—	2	$-1;$
		1	1				$x \pm 1 = 0$		$+1.$
	2	1	0	0			—		
3	1	3	0				—	4	$-2;$
		2	1				$2x \pm 1 = 0$		$-\frac{1}{2};$
		1	2				$x \pm 2 = 0$		$+\frac{1}{2};$
	2	2	0	0			—		$+2.$
		1	1	0			—		
		1	0	1			—		
	3	1	0	0	0		—		

N	n	$\lvert a_0\rvert$	$\lvert a_1\rvert$	$\lvert a_2\rvert$	$\lvert a_3\rvert$	$\lvert a_4\rvert$	Gleichung	$\varphi(N)$	ω
4	1	4	0				—	12	$-3;$
		3	1				$3x \pm 1 = 0$		$-1{,}61803;$
									$-1{,}41421;$
		2	2				—		$-0{,}70711;$
		1	3				$x \pm 3 = 0$		$-0{,}61803;$
	2	3	0	0			—		$-0{,}3333\;.;$
		2	1	0			—		$+0{,}3333\;.;$
		2	0	1			$2x^2 - 1 = 0$		$+0{,}61803;$
		1	2	0			—		$+0{,}70711;$
		1	1	1			$x^2 + x - 1 = 0$		$+1{,}41421;$
							$x^2 - x + 1 = 0$		$+1{,}61803;$
		1	0	2			$x^2 - 2 = 0$		$+3.$
	3	2	0	0	0		—		
		1	1	0	0		—		
		1	0	1	0		—		
		1	0	0	1		—		
	4	1	0	0	0	0	—		

Wir ordnen nun die algebraischen Zahlen nach ihrer Höhe N und die zu einem einzelnen N gehörigen Zahlen nach ihrer Grösse; dadurch erhalten wir sie sämtlich und jede an einer bestimmten Stelle. Es ist dies in der letzten Columne der vorstehenden Tabelle bereits geschehen. Damit ist die Abzählbarkeit der algebraischen Zahlen evident.

3. Wir behaupten nun allgemein: *Nimmt man ein noch so kleines Stück der Abscissenaxe, so giebt es darin allemal unendlich viele Punkte, welche irgend einer vorgegebenen abzählbaren Zahlenmenge nicht angehören.* Oder mit anderen Worten:

Das Continuum der Zahlenwerte, welches durch ein beliebig kleines Stück der Abscissenaxe dargestellt wird, hat eine grössere Mächtigkeit als eine abzählbare Menge.

Damit wird, wie man sieht, die Existenz transcendenter Zahlen behauptet; man hat als abzählbare Menge nur den Inbegriff der algebraischen Zahlen zu Grunde zu legen.

Zum Beweise des Satzes denken wir uns die Zahlen der abzählbaren Menge in der verabredeten Reihenfolge tabellarisch als

Decimalbrüche aufgeschrieben, also, wenn wir an dem Beispiel der algebraischen Zahlen festhalten wollen:

N	ω	N	ω
1	0,0000	3	— 2,0000
2	— 1,0000		— 0,5000
	+ 1,0000		+ 0,5000
			+ 2,0000

etc.

Hierbei müssen wir einen eigentümlichen Mangel der Decimalbrüche bemerken, dass nämlich jeder abbrechende unter ihnen sich auch so schreiben lässt, dass er in eine unendliche Reihe von 9 ausläuft. Z. B. ist

$$1 = 0{,}99 \ldots 9 \ldots$$

Um der dadurch bewirkten Unbestimmtheit zu entgehen, setzen wir ein für alle Mal fest, dass wir unendliche Neuner-Reihen vermeiden wollen.

Können wir jetzt einen Decimalbruch construiren, welcher in unserer Tabelle nicht vorkommt und nicht in eine Neuner-Periode ausläuft, so haben wir in ihm eine transcendente Zahl gewonnen. Mittels einer überaus einfachen Vorschrift, die Georg Cantor gegeben hat, gelingt es nun in der That, nicht nur eine, sondern unendlich viele transcendente Zahlen zu finden, selbst wenn der Bereich, in dem die Zahl liegen soll, sehr klein ist. Der Bereich sei etwa dadurch fixiert, dass die ersten fünf Decimalstellen der Zahl vorgegeben werden. Die Cantor'sche Vorschrift sagt dann: Man nehme an Stelle der sechsten Decimalen eine von 9 und der sechsten Decimale der *ersten algebraischen* Zahl verschiedene Zahl, an Stelle der siebenten Decimale eine von 9 und der siebenten Decimalen der *zweiten algebraischen* Zahl verschiedene Zahl, u. s. f. Auf diese Weise erhalten wir einen Decimalbruch, der in keine Neuner-Periode ausläuft und unmöglich in unserer Tabelle der algebraischen Zahlen enthalten sein kann, w. z. b. w.

Zugleich sieht man, dass es (wenn dieser Ausdruck gestattet ist) sehr viel mehr transcendente als algebraische Zahlen giebt. Denn da man bei Vermeidung der 9 zur Bestimmung der nicht vorgegebenen Decimalen jedesmal die Auswahl zwischen acht verschiedenen Zahlen hat, so kann man sozusagen ∞^8 transcendente Zahlen bilden, auch wenn der Bereich, in dem sie liegen sollen, ein beliebig kleiner ist.

II. Kapitel.

Geschichtlicher Ueberblick über die Versuche zur Berechnung und Construction von π.

Es soll im Folgenden der Beweis geführt werden, dass die Zahl π zu den transcendenten Zahlen gehört, deren Existenz im vorigen Kapitel nachgewiesen wurde. Dieser Beweis ist zuerst Lindemann im Jahre 1882 geglückt, und damit ist ein Problem endgültig bewältigt worden, welches, soweit unsere Nachrichten reichen, fast vier Jahrtausende die Mathematiker beschäftigt hat, nämlich das der *Quadratur des Kreises*.

In der That, wenn die Zahl π nicht algebraisch ist, so ist sie sicher nicht durch Zirkel und Lineal zu construieren; *die Quadratur des Kreises also, in dem Sinne, wie die Alten sie verstanden, ist unmöglich*. Es ist höchst interessant, die Schicksale des Problems in den einzelnen Epochen der Wissenschaft zu verfolgen, wie immer neue Versuche, eine Lösung mit Zirkel und Lineal zu finden, gemacht werden und wie diese notwendig erfolglosen Anstrengungen doch befruchtend auf die mannigfachsten Gebiete der Mathematik wirken.

Die nachfolgende kurze geschichtliche Uebersicht stützt sich auf ein sehr zu empfehlendes Werk von Rudio: „Archimedes, Huygens, Lambert, Legendre. Vier Abhandlungen über die Kreismessung. Leipzig 1892." In diesem Buche werden Arbeiten der genannten Forscher in deutscher Uebersetzung gegeben. Wenn die Darstellung auch den hier zu besprechenden neueren Ideen fern steht, so bietet sie doch viele interessante Einzelheiten, welche gerade im Schulunterricht in mancher Hinsicht praktisch verwertbar sind.

1. Bei den Versuchen, das Verhältnis des Kreisdurchmessers zum Umfange zu bestimmen, können wir zuerst das *empirische Stadium* unterscheiden, in dem man durch Messung oder Abschätzung zum gewünschten Ziele zu kommen sucht. Schon die älteste bekannte mathematische Urkunde, der *Papyrus Rhind* (ca. 2000 v. Chr.) enthält das Problem in der wohlbekannten Form, einen Kreis in ein gleichgrosses Quadrat zu verwandeln. Der Schreiber des Papyrus, Ahmes, giebt hierzu folgende Vorschrift: Man trage von dem Endpunkte eines Durchmessers $\frac{1}{9}$ desselben ab und errichte über dem übrig bleibenden Stück ein Quadrat, so ist dieses dem Kreise inhaltsgleich. Der erhaltene Wert von π ist, da $\left(\frac{16}{9}\right)^2 = 3.16\ldots$, nicht sehr ungenau. Weit

weniger richtig ist der Wert $\pi = 3$, den man in der Bibel antrifft (1. Buch der Könige 7, 23 und 2. Buch der Chronika 4, 2).

2. Ueber diesen empirischen Standpunkt erhoben sich *die Griechen* und namentlich Archimedes, der in seinem Buche κύκλου μέτρησις den Inhalt des Kreises mit Hülfe ein- und umbeschriebener Vielecke berechnete, wie es noch heute im Schulunterrichte geschieht. Seine Methode blieb bis zur Erfindung der Differentialrechnung im Gebrauch und wurde besonders von Huygens († 1654) in seinem Werke „de circuli magnitudine inventa" ausgebaut und für die Praxis verwendbarer gemacht.

Aehnlich wie die Verdoppelung und die Drittteilung des Winkels suchten dann die griechischen Mathematiker auch die Quadratur des Kreises mit Hülfe höherer Curven auszuführen.

Denken wir uns z. B. die Curve $y = \text{arc sin } x$, die sich als vertical gestellte Sinuslinie darstellt. Geometrisch erscheint π als specielle Ordinate dieser Curve, functionentheoretisch als specieller Wert unserer transcendenten Function. Apparate, die uns transcendente Curven liefern, wollen wir in Zukunft transcendente Apparate nennen. Ein transcendenter Apparat, welcher die Sinuslinie zeichnet, giebt uns eine wirkliche Construction von π.

Die Curve $y = \text{arc sin } x$ werden wir heute als eine *Integralcurve* bezeichnen, indem wir sie durch das Integral einer algebraischen Function definieren können:

$$y = \int \frac{dx}{\sqrt{1-x^2}}.$$

Die Alten nannten eine solche Curve *Quadratrix* oder τετραγωνίζουσα. Am bekanntesten ist die Quadratrix des Dinostratus (ca. 350 v. Chr.), die aber schon früher von Hippias aus Elis (ca. 420 v. Chr.) zur Drittteilung des Winkels construiert worden ist.

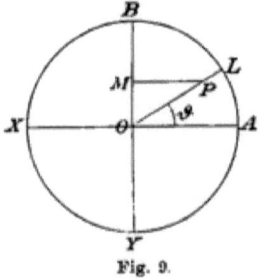
Fig. 9.

Geometrisch wird dieselbe folgendermassen definiert: Auf der Linie (s. Fig.) OB und dem Bogen AB bewegen sich zwei Punkte M und L mit gleichförmiger Geschwindigkeit. Sie beginnen ihre Bewegung zu gleicher Zeit in O, resp. A und kommen zu gleicher Zeit in B an. Zieht man dann OL und durch M die Parallele zu OA, welche OL in P schneidet, so ist P ein Punkt der Quadratrix.

Aus dieser Definition geht hervor, dass y mit ϑ proportional ist. Da ferner für $y=1$ $\vartheta = \frac{\pi}{2}$ wird, so haben wir

$$\vartheta = \frac{\pi}{2} y,$$

und aus $\vartheta = \mathrm{arc\ tg}\,\frac{y}{x}$ ergiebt sich die Curvengleichung als

$$\frac{y}{x} = \mathrm{tg}\,\frac{\pi}{2} y.$$

Der Punkt, in welchem die Linie die x-Axe schneidet, wird gefunden aus

$$x = \frac{y}{\mathrm{tg}\,\frac{\pi}{2} y},$$

wenn man y in 0 übergehen lässt. Da für kleine Werte die Tangente gleich ihrem Argumente ist, so folgt

$$x = \frac{2}{\pi}.$$

Danach ist der Radius des Kreises die mittlere Proportionale zwischen dem Kreisquadranten und der Abscisse des Schnittpunktes der Quadratrix mit der x-Axe. Die Quadratrix kann demnach zur Rectification und somit in zweiter Linie zur Quadratur des Kreises benutzt werden. Im Grunde aber ist sie nur eine geometrische Formulirung des Rectificationsproblems, so lange nämlich kein Apparat angegeben wird, durch den sie in continuierlichem Zuge beschrieben werden kann.

Eine Anschauung von der Gestalt der Curve giebt Fig. X der Tafel, worin sich die weiteren Aeste ergeben, wenn man ϑ über π, resp. $-\pi$ hinaus wachsen lässt. Offenbar ist die Quadratrix des Dinostratus nicht so bequem wie die Curve $y = \mathrm{arc\ sin}\,x$, doch scheint es nicht, dass letztere im Alterthum benutzt wurde.

3. *In die Zeit von* 1670—1770, charakterisirt durch die Namen Leibniz, Newton, Euler, fällt die Entstehung der modernen Analysis. Bei der Fülle der sich drängenden grossen Entdeckungen ist es natürlich, dass die strenge Kritik etwas zurücktritt. Für uns kommt vornehmlich die *Entwickelung der Reihenlehre* in Betracht. Besonders für π wurde eine grosse Zahl von Approximationen aufgestellt; wir nennen nur die sogenannte Leibniz'sche Reihe (welche aber schon vor Leibniz bekannt war):

$$\frac{\pi}{4} = 1 - \frac{1}{2} + \frac{1}{3} - \frac{1}{4} + \cdots$$

Ferner bringt jene Periode die Entdeckung des *Zusammenhanges zwischen e und* π. Die Zahl e und die natürlichen Logarithmen und damit die Exponentialfunction finden sich im Principe zuerst bei dem Engländer Napier (1614). Diese Zahl schien am Anfange zu den Kreisfunctionen und der Zahl π gar keine Beziehungen zu haben, bis Euler den Mut hatte, die Betrachtung auf imaginäre Exponenten auszudehnen; auf diese Weise kam er zu der berühmten Formel

$$e^{ix} = \cos x + i \sin x,$$

welche für $x = \pi$ in

$$e^{i\pi} = -1$$

übergeht. Diese Formel ist ohne Zweifel eine der merkwürdigsten, welche es überhaupt in der Mathematik giebt. An sie knüpfen die modernen Beweise der Transcendenz von π an, indem dieselben zuerst die Transcendenz von e darthun.

4. Nach 1770 kam die Kritik wieder mehr zu ihrem Recht. 1770 erschien das Buch von Lambert: „Vorläufige Kenntnisse für die, so die Quadratur des Cirkuls suchen". Es handelt sich dort u. a. um die Irrationalität von π.

1794 zeigte Legendre in seinen „Éléments de géométrie" endgültig, dass π und π^2 irrationale Zahlen sind.

5. Aber erst 100 Jahre später setzen die modernen Untersuchungen ein.

Den Ausgangspunkt hierfür bildet die Arbeit von Hermite: „Sur la fonction exponentielle" (Compt. rend. 1873, als eigene Schrift 1874). Hierin wird die Transcendenz von e bewiesen.

Den gleichen Beweis für π führte im engen Anschluss an Hermite, Lindemann in einer Abhandlung: „Ueber die Zahl π" (Math. Ann. 20. 1882. Siehe auch Sitzungsberichte der Berliner und der Pariser Akademie). Damit war die Sache zum ersten Mal erledigt, doch sind die Betrachtungen von Hermite und Lindemann noch sehr complicirt.

Die erste Vereinfachung gab dann Weierstrass in den Berliner Berichten 1885. Die hiermit genannten Arbeiten fasste Bachmann zusammen in einem Lehrbuche: „Vorlesungen über die Natur der Irrationalzahlen. 1892".

Aber das Frühjahr 1893 brachte neue, sehr bedeutende Vereinfachungen.

In erster Linie sind hier die Entwickelungen von Hilbert in den Göttinger Nachrichten zu nennen. Der Hilbert'sche Beweis ist noch nicht ganz elementar; er enthält noch einen Restbestandteil des Hermite'schen Gedankenganges in dem Integral:

$$\int_0^\infty z^\varrho e^{-z} dz = \varrho!.$$

Aber Hurwitz und Gordan haben bald darauf gezeigt, dass sich auch dieser transcendente Bestandteil noch abstreifen lässt (Göttinger Nachrichten, bez. Comptes rendus; alle drei Abhandlungen sind in den Math. Annalen Bd. 43 abgedruckt, bez. etwas erweitert). Dadurch ist nun der Gegenstand so elementar geworden, dass er allgemein zugänglich scheint. Wir werden uns in der Hauptsache an die Darstellung von Gordan anschliessen.

III. Kapitel.

Die Transcendenz der Zahl e.

1. An die Spitze unserer Untersuchung stellen wir die bekannte Reihe

$$e^x = 1 + \frac{x}{1!} + \frac{x^2}{2!} + \cdots,$$

welche für alle endlichen Werte von x convergiert. Wir betonen hier aber den Unterschied zwischen praktischer und theoretischer Convergenz. Wäre z. B. $x = 1000$, so ist offenbar eine Berechnung von e^{1000} auf Grund dieser Reihe nicht ausführbar. Theoretisch convergiert dieselbe aber doch; denn, wie man sieht, wächst vom 1000sten Glied an die Facultät im Nenner rascher als die Potenz im Zähler. Gerade der Umstand, dass $\frac{x^s}{s!}$ bei beliebigem endlichen x für $\lim s = \infty$ gleich 0 wird, wird für unsern späteren Beweis von wesentlicher Bedeutung sein.

Unsere Behauptung ist nun folgende:

e ist keine algebraische Zahl, d. h. eine Gleichung mit ganzzahligen Coefficienten:

$$F(e) = C_0 + C_1 e + C_2 e^2 + \cdots + C_n e^n = 0$$

ist unmöglich. Die Coefficienten können hierbei als teilerfremd gelten.

Wir bedienen uns der indirecten Beweismethode, indem wir zeigen, dass wir bei Annahme obiger Gleichung auf einen Widerspruch stossen. Und zwar wird sich der Widerspruch in folgender Weise herausstellen. Wir multipliciren die Gleichung $F(e) = 0$ mit einer gewissen ganzen Zahl M, so dass

$$MF(e) = MC_0 + MC_1 e + MC_2 e^2 + \cdots MC_n e^n = 0.$$

Es wird uns nun gelingen, dieses M so zu wählen, dass

a) jedes der Producte Me, Me^2, ... sich leicht in eine ganze Zahl $M_\varkappa$ und einen echten Bruch ε_k spalten lässt. Dadurch wird

$$Mc = M_1 + \varepsilon_1,$$
$$Mc^2 = M_2 + \varepsilon_2,$$
$$\vdots \quad \vdots \quad \vdots$$
$$Mc^n = M_n + \varepsilon_n$$

und unsere Gleichung

$$\left.\begin{array}{r}MF(c) = MC_0 + M_1 C_1 + M_2 C_2 + \cdots + M_n C_n \\ + C_1 \varepsilon_1 + C_2 \varepsilon_2 + \cdots + C_n \varepsilon_n\end{array}\right\} = 0.$$

b) dass der ganzzahlige Bestandteil

$$MC_0 + M_1 C_1 + \cdots + M_n C_n$$

nicht gleich Null wird. Wir werden dies beweisen, indem wir uns auf die Evidenz stützen: *Eine ganze Zahl verschwindet gewiss nicht, wenn sie, durch eine Primzahl dividirt, einen von Null verschiedenen Rest lässt.*

c) dass der Ausdruck

$$C_1 \varepsilon_1 + C_2 \varepsilon_2 + \cdots + C_n \varepsilon_n$$

ein beliebig kleiner Bruch ist.

Dann kann aber die vorgegebene Gleichung unmöglich bestehen, da eine Summe aus einer von Null verschiedenen ganzen Zahl und einem ächten Bruche gewiss $\gtrless 0$ ist.

Der springende Punkt des Beweises lässt sich auch, obgleich nicht ganz genau, so formulieren:

Wir können die successiven Potenzen $c, c^2, \ldots c^n$ mit ausserordentlicher Annäherung ganzen Zahlen proportional setzen, welche die angenommene Gleichung sicher nicht befriedigen.

2. Zur Durchführung dieses Beweises führen wir ein Symbol h^r und ein gewisses Polynom $\varphi(x)$ ein. Unter ersterem verstehen wir einfach $r!$. So schreibt sich z. B. die Reihe für c^x unter Benutzung dieses Symbols:

$$c^x = 1 + \frac{x}{h} + \frac{x^2}{h^2} + \cdots.$$

Eine tiefere Bedeutung hat das Symbol nicht, es dient nur dazu, Formeln, in welchen Potenzen und Facultäten neben einander vorkommen, in knapper Form zu schreiben.

Wenn nun irgend ein *ausgerechnetes* Polynom

$$\varphi(x) = \sum^r c_r x^r$$

gegeben ist, so verstehen wir unter $\varphi(h)$ einfach

$$\varphi(h) = \sum^r c_r h^r = \sum^r c_r r! = c_1 . 1! + c_2 . 2! + \cdots + c_n . n!.$$

Wenn dagegen ein *nicht ausgerechnetes* Polynom $\varphi(x)$ vorliegt und wir wollen h für x eintragen, so bedeutet $\varphi(h)$, dass das Polynom zuerst nach Potenzen von h zu ordnen und *dann* statt h^r $r!$ einzutragen ist. So ist z. B.

$$\varphi(x+h) = \sum^r c_r(x+h)^r = \sum^r c_r' h^r = \sum^r c_r' r!,$$

wo die c von x abhängen.

Diese Regeln wenden wir auf folgendes merkwürdige Polynom an:

$$\varphi(x) = x^{p-1} \frac{[(1-x)(2-x)\ldots(n-x)]^p}{(p-1)!},$$

worin n den Grad der für e angenommenen algebraischen Gleichung und p eine Primzahl bedeutet. p nehmen wir grösser als n und werden es später über alle Grenzen wachsen lassen. Insbesondere sei auch $p > |C_0|$, eine beiläufige Festsetzung, von welcher wir später Gebrauch machen werden.

Um eine geometrische Anschauung von $\varphi(x)$ zu gewinnen, construieren wir die Curve

$$y = \varphi(x).$$

Sie schmiegt sich in den Punkten $1, 2, \ldots n$ eng an die x-Axe an und durchsetzt dieselbe hierbei, während im Punkte O ein Anschmiegen ohne Durchsetzung stattfindet. Für Werthe von x zwischen 0 und n liegt die Curve überall in nächster Nähe der x-Axe. Für grössere Werthe von x entfernt sie sich von der x-Axe beliebig.

Von der Function $\varphi(x)$ wollen wir jetzt drei für unsern Beweis wichtige Eigenschaften feststellen.

a) Ordnen wir $\varphi(x)$ nach Potenzen von x, so dass

$$\varphi(x) = \sum_{r=p-1}^{r=np+p-1} c_r x^r = \frac{c' x^{p-1}}{(p-1)!} + \frac{c'' x^p}{(p-1)!} + \cdots \pm \frac{x^{np+p-1}}{(p-1)!},$$

so verschwindet bei gegebenem endlichen x und wachsendem p schliesslich nicht nur $\varphi(x)$, sondern auch die Summe der absoluten Werte $\sum^r |c_r x^r|$.

Für $\varphi(x)$ ist dies sofort klar, wenn wir auf die unentwickelte Form zurückgehen und berücksichtigen, dass mit wachsendem p schliesslich die Potenz des Zählers gegen die Facultät des Nenners verschwindet. Für die Summe der absoluten Werte aber folgt das gleiche, wenn wir bemerken, dass wir dieselbe bekommen, wenn wir in die unentwickelte Form des $\varphi(x)$ für $(-x)$ überall (x) eintragen.

b) Für x setzen wir nun im ausgerechneten Polynome h und darauf statt h^r seinen Wert $r!$. *Die so entstandene Grösse $\varphi(h)$ ist dann eine ganze, nicht durch p teilbare und deshalb von Null verschiedene Zahl.*

Die Reihenentwickelung von $\varphi(h)$ hat nämlich als niedrigsten Exponenten offenbar $p-1$, während der höchste $np+p-1$ ist, so dass wir also haben:

$$\varphi(h) = \sum_{r=p-1}^{r=np+p-1} c_r h^r.$$

Die c_r sind, abgesehen von dem überall auftretenden Nenner $(p-1)!$, ganze Zahlen. Dieser Nenner hebt sich aber überall fort, sobald wir h^r als $r!$ deuten. Die niedrigste Facultät ist ja gerade $(p-1)!$. Alle Reihenglieder sind ferner durch p teilbare ganze Zahlen bis auf das erste, welches lautet:

$$\frac{(1.2.3\ldots n)^p \cdot (p-1)!}{(p-1)!} = (n!)^p.$$

Dieses ist gewiss nicht durch p teilbar, denn es war ja $p > n$ angenommen. Es ist also

$$\varphi(h) \equiv (n!)^p \pmod{p},$$

demnach gewiss von Null verschieden.

Dieses $\varphi(h)$ ist übrigens jedenfalls eine sehr grosse Zahl. Einigermassen erhalten wir einen Massstab für seine Grösse, wenn wir das letzte Glied betrachten:

$$\frac{(np+p-1)!}{(p-1)!} = p(p+1)\ldots(np+p-1).$$

c) Wir untersuchen weiterhin $\varphi(h+\varkappa)$, wo $\varkappa$ eine der Zahlen $1, 2, \ldots n$ bedeute. Es ist

$$\varphi(h+\varkappa) = \sum c_r (h+\varkappa)^r = \sum c_r' h^r.$$

Die Einführung von $r!$ an Stelle von h^r darf unserer Verabredung gemäss erst nach der Anordnung nach Potenzen von h erfolgen.

Nach den Regeln des formalen Rechnens haben wir ferner:

$$\varphi(h+\varkappa) = (h+\varkappa)^{p-1} \frac{[(1-\varkappa-h)(2-\varkappa-h)\ldots(n-\varkappa-h)]^p}{(p-1)!}.$$

Einer der in der Klammer stehenden Factoren wird gleich $-h$, also hat in unserer Reihenentwickelung h als niedrigsten Exponenten p, und es ist demnach

$$\varphi(h+\varkappa) = \sum_{r=p}^{r=np+p-1} c_r' h^r.$$

Die Coefficienten c_r' sind wieder rationale Brüche mit dem Nenner $(p-1)!$. Dieser hebt sich indess, wie früher, überall fort, sowie wir $r!$ für h^r einsetzen.

Diesmal sind aber *sämtliche* Reihenglieder durch p teilbar, denn schon das erste lautet:

$$\frac{(-1)^{\varkappa p}\varkappa^{p-1}[(\varkappa-1)!(n-\varkappa)!]^p p!}{(p-1)!} = (-1)^{\varkappa p}\varkappa^{p-1}[(\varkappa-1)!(n-\varkappa)!]^p p.$$

$\varphi(h+\varkappa)$ ist also eine ganze durch p teilbare Zahl.

3. Nach diesen Vorbereitungen wenden wir uns zu dem Beweise, dass die Gleichung

$$F(e) = C_0 + C_1 e + C_2 e^2 + \cdots + C_n e^n = 0$$

unmöglich ist.

Als diejenige ganze Zahl M, mit der wir (s. oben) diese Gleichung multipliciren wollen, wählen wir eben $\varphi(h)$, so dass

$$\varphi(h) F(e) = C_0 \varphi(h) + C_1 \varphi(h) e + C_2 \varphi(h) e^2 + \cdots + C_n \varphi(h) e^n.$$

Es kommt dann darauf an, die Producte $\varphi(h) e$, $\varphi(h) e^2$, ... jedes für sich in eine ganze Zahl und einen Bruch zu spalten. Dies gelingt mit Hülfe der Reihe für e^x sehr schön. Betrachten wir ein beliebiges Product $e^{\varkappa} \varphi(h)$ und entwickeln wir $\varphi(h)$, so wird

$$e^{\varkappa} \varphi(h) = e^{\varkappa} \sum_r c_r h^r.$$

Ein beliebiges Glied dieser Summe hat dann, abgesehen von einer Constanten, die Form:

$$e^{\varkappa} h^r = h^r + \frac{h^r \varkappa}{1!} + \frac{h^r \varkappa^2}{2!} + \cdots + \frac{h^r \varkappa^r}{r!} + \frac{h^r \varkappa^{r+1}}{(r+1)!} + \cdots.$$

Wenn wir an die Bedeutung $h^r = r!$ denken, so können wir diese Reihe so umformen:

$$e^{\varkappa} h^r = h^r + \frac{r h^{r-1} \varkappa}{1!} + \frac{r(r-1) h^{r-2} \varkappa^2}{2!} + \cdots + \frac{r h \varkappa^{r-1}}{1!} + \varkappa^r$$

$$+ \varkappa^r \left[\frac{\varkappa}{(r+1)} + \frac{\varkappa^2}{(r+1)(r+2)} + \cdots\right].$$

Hier steht in der ersten Zeile einfach das Binom $(h+\varkappa)^r$. Was die zweite Zeile angeht, so vergleichen wir Glied für Glied der in der Klammer stehenden Reihe

$$0 + \frac{\varkappa}{(r+1)} + \frac{\varkappa^2}{(r+1)(r+2)} + \cdots$$

mit

$$e^\varkappa = 1 + \frac{\varkappa}{1!} + \frac{\varkappa^2}{1\cdot 2} + \cdots,$$

und sehen, dass jedes Glied der ersten Reihe kleiner als das entsprechende der zweiten ist. Der in der Klammer stehende Ausdruck ist folglich (da alle in Betracht kommenden Glieder positiv sind) kleiner als $e^\varkappa$, und wir können setzen

$$e^\varkappa h^r = (h+\varkappa)^r + q_{r,\varkappa} \varkappa^r e^\varkappa,$$

wo unter $q_{r,\varkappa}$ ein echter Bruch verstanden wird. Dieselbe Spaltung denken wir uns mit jedem Gliede in $e^\varkappa \sum_r c_r h^r$ vollzogen. Bilden wir dann die Summe, so wird

$$e^\varkappa \sum_r c_r h^r = \sum_r c_r (h+\varkappa)^r + e^\varkappa \sum_r q_{r,\varkappa} c_r \varkappa^r.$$

Der erste Bestandteil rechts ist $\varphi(h+\varkappa)$, also nach 2c. eine ganze durch p teilbare Zahl. Da ferner $\varphi(\varkappa) = \sum_r c_r \varkappa^r$, nach 2a. ein Bruch ist, welcher mit wachsendem p beliebig klein gemacht werden kann, so gilt dies in noch höherem Masse für $\sum_r q_{r,\varkappa} c_r \varkappa^r$ und auch, da $e^\varkappa$ eine endliche Grösse hat, für $e^\varkappa \sum_r q_{r,\varkappa} c_r \varkappa^r$.

Mit dieser Spaltung

$$e^\varkappa \varphi(h) = \varphi(h+\varkappa) + e^\varkappa \sum_r q_{r,\varkappa} c_r \varkappa^r$$

haben wir genau das erreicht, was wir wollten. Setzen wir

$$e^\varkappa \sum_r q_{r,\varkappa} c_r \varkappa^r = \varepsilon_\varkappa,$$

so wird die für e angenommene Gleichung:

$$\left. \begin{array}{l} C_0 \varphi(h) + C_1 \varphi(h+1) + C_2 \varphi(h+2) + \cdots + C_n \varphi(h+n) \\ \quad + C_1 \varepsilon_1 \quad\quad + C_2 \varepsilon_2 \quad\quad + \cdots + C_n \varepsilon_n \end{array} \right\} = 0.$$

In dieser Gleichung liegt ein Widerspruch. In der That: Da die Coefficienten C endlich und in endlicher Zahl vorhanden sind, ist auch $\sum C_\varkappa \varepsilon_\varkappa$ ein Bruch, welcher, wenn nur p gross genug gewählt wird, beliebig klein gemacht werden kann. Die erste Reihe aber ist eine Summe von lauter ganzen Zahlen, welche alle bis auf die erste $C_0 \varphi(h)$ durch p teilbar sind. Denn nach 2b. ist

$\varphi(h)$ nicht durch p teilbar, und $_iC_0$ ist, wie früher festgesetzt wurde, kleiner als p. Fassen wir die Reihe in eine ganze Zahl G zusammen, so ist

$$G = C_0\,\varphi(h) \gtrless 0 \pmod{p}.$$

Eine ganze Zahl aber, welche durch eine Primzahl dividiert einen Rest lässt, kann unmöglich verschwinden, wie wir schon oben bemerkten.

Andrerseits kann G aber auch nicht durch den echten Bruch $\sum C_\varkappa \varepsilon_\varkappa$ aufgehoben werden. Es ist also

$$\varphi(h)\,F(e) \gtrless 0.$$

Demnach kann, da $\varphi(h)$ endlich ist,

$$F(e) = C_0 + C_1 e + C_2 e^2 + \cdots + C_n e^n$$

nicht gleich Null sein. Damit ist die Transcendenz von e oder, wie wir sagen wollen, der *Hermite'sche Satz* bewiesen.

IV. Kapitel.

Die Transcendenz der Zahl π.

1. Der Beweis, welchen Lindemann für die Transcendenz der Zahl π gegeben hat, stellt sich als eine Erweiterung des Hermite'schen Gedankenganges dar. Während Hermite zeigt, dass eine ganzzahlige Gleichung

$$C_0 + C_1 e + C_2 e^2 + \cdots + C_n e^n = 0$$

nicht bestehen kann, verallgemeinert Lindemann dieselbe dadurch, dass er für die Potenzen $e^1, e^2, \ldots$ jedesmal eine Summe einführt:

$$e^{\varkappa_1} + e^{\varkappa_2} + \cdots + e^{\varkappa_N},$$
$$e^{\lambda_1} + e^{\lambda_2} + \cdots + e^{\lambda_{N'}},$$
$$\cdots\cdots\cdots\cdots\cdots$$

wo die
$\varkappa_1, \varkappa_2, \ldots \varkappa_N$ (für sich genommen)

und die
$\lambda_1, \lambda_2, \ldots \lambda_{N'}$ (für sich genommen)
$\cdots\cdots\cdots\cdots$

zusammengehörige algebraische Zahlen sind, d. h. solche, welche einer ganzzahligen algebraischen Gleichung genügen. Unter diesen

$\varkappa, \lambda, \ldots$ können sich nach Belieben auch imaginäre Grössen befinden. *Der allgemeine Lindemann'sche Satz* lautet also folgendermassen:

Es ist unmöglich, dass die Zahl e einer Gleichung von der Form
$$C_0 + C_1\left(e^{\varkappa_1} + e^{\varkappa_2} + \cdots + e^{\varkappa_N}\right) + C_2\left(e^{\lambda_1} + e^{\lambda_2} + \cdots + e^{\lambda_{N'}}\right) + \cdots = 0$$
genüge, wo die Coefficienten C reelle ganze Zahlen und die Exponenten $\varkappa$ für sich, die Exponenten λ für sich etc. zusammengehörige algebraische Zahlen bedeuten.

In Worten könnte man diesen Satz auch so aussprechen:

Die Zahl e ist nicht nur keine algebraische Zahl und also eine transcendente Zahl schlechtweg, sondern sie ist auch keine interscendente Zahl (nach Leibniz' Ausdruck))* *und also eine transcendente Zahl höherer Ordnung.*

Die Grössen $\varkappa_1, \varkappa_2, \ldots \varkappa_N$ seien die Wurzeln der Gleichung
$$ak^N + a_1 k^{N-1} + \cdots + a_N = 0,$$
die Grössen $\lambda_1, \lambda_2, \ldots \lambda_{N'}$ die Wurzeln der Gleichung
$$bl^{N'} + b_1 l^{N'-1} + \cdots + b_{N'} = 0$$
u. s. w.

Diese Gleichungen müssen nicht notwendig irreducibel sein, auch braucht der Coefficient des höchsten Gliedes nicht gleich 1, die symmetrischen Functionen der Wurzeln (diese allein werden in unsern späteren Entwickelungen auftreten) brauchen also nicht ganze Zahlen zu sein.

Da wir aber zuletzt doch ganze rationale Ausdrücke bedürfen werden, betrachten wir speciell symmetrische Functionen der Grössen
$$a\varkappa_1, a\varkappa_2, \ldots a\varkappa_N,$$
$$b\lambda_1, b\lambda_2, \ldots b\lambda_{N'},$$
$$\ldots \ldots \ldots$$

welche wir als Wurzeln der Gleichungen
$$(ak)^N + a_1(ak)^{N-1} + a_2 a(ak)^{N-1} + \cdots + a_N a^{N-1} = 0,$$
$$(bl)^{N'} + b_1(bl)^{N'-1} + b_2 b(bl)^{N'-2} + \cdots + b_{N'} b^{N'-1} = 0,$$
$$\ldots \ldots \ldots$$

---

*) Leibniz bezeichnet eine Function x^λ, wo λ eine algebraische Irrationalität, als *interscendent*.

erhalten. Diese Grössen sind *ganze* zusammengehörige algebraische Zahlen und ihre rationalen symmetrischen Functionen demnach reelle ganze Zahlen.

In unseren weiteren Untersuchungen werden wir nun Schritt für Schritt denselben Weg innehalten, welchem wir beim Beweise des Hermite'schen Satzes folgten:

Wir multipliciren die Gleichung, deren Unmöglichkeit nachgewiesen werden soll, mit einer ganzen Zahl M und werden versuchen, die Producte

$$M\left(e^{\varkappa_1} + e^{\varkappa_2} + \cdots + e^{\varkappa_N}\right),$$
$$M\left(e^{\lambda_1} + e^{\lambda_2} + \cdots + e^{\lambda_{N'}}\right),$$
$$\cdots \cdots \cdots \cdots \cdots$$

jedes für sich in einen ganzzahligen Bestandteil und einen Bruch zu spalten, so dass

$$M\left(e^{\varkappa_1} + e^{\varkappa_2} + \cdots + e^{\varkappa_N}\right) = M_1 + \varepsilon_1,$$
$$M\left(e^{\lambda_1} + e^{\lambda_2} + \cdots + e^{\lambda_{N'}}\right) = M_2 + \varepsilon_2,$$
$$\cdots \cdots \cdots \cdots \cdots$$

Wir bekommen so die Gleichung

$$\left. \begin{array}{l} C_0 M + C_1 M_1 + C_2 M_2 + \cdots \\ + C_1 \varepsilon_1 + C_2 \varepsilon_2 + \cdots \end{array} \right\} = 0$$

und hier werden wir es wieder so einrichten können, dass *der ganzzahlige Bestandteil*

$$C_0 M + C_1 M_1 + C_2 M_2 + \cdots$$

gewiss nicht gleich Null, der andere Teil aber

$$C_1 \varepsilon_1 + C_2 \varepsilon_2 + \cdots$$

ein beliebig kleiner Bruch ist, womit wir denselben Widerspruch wie früher haben.

2. Wir benutzen wieder das früher eingeführte Symbol $h^r = r!$ und wählen als Multiplicator die Grösse $M = \varphi(h)$, wo $\varphi(h)$ in Verallgemeinerung des früheren Ausdrucks folgendermassen gebildet ist:

$$\varphi(h) = \frac{h^{p-1}}{(p-1)!} \{(\varkappa_1-h)(\varkappa_2-h)\ldots(\varkappa_N-h)\}^p \cdot a^{Np} a^{N'p} a^{N''p} \ldots$$
$$\{(\lambda_1-h)(\lambda_2-h)\ldots(\lambda_{N'}-h)\}^p \cdot b^{Np} b^{N'p} b^{N''p} \ldots$$
$$\ldots\ldots\ldots\ldots\ldots\ldots,$$

indem wir unter p eine Primzahl verstehen, welche wir
$$> |C_0|, > a, > b, \ldots > |a_N|, > |b_{N'}|, \ldots$$
machen und später sogar unbegrenzt wachsen lassen.

Die Potenzen $a^{Np}, b^{N'p}, \ldots$ sind hinzugefügt worden, damit wir bei der Entwickelung nach Potenzen von h symmetrische Functionen der Grössen
$$a\varkappa_1, a\varkappa_2, \ldots a\varkappa_N,$$
$$b\lambda_1, b\lambda_2, \ldots b\lambda_{N'},$$

also reelle rationale ganze Zahlen erhalten. Weiter unten werden wir noch die Ausdrücke
$$\sum_\nu \varphi(\varkappa_\nu + h), \quad \sum_\nu \varphi(\lambda_\nu + h) \ldots$$

entwickeln; und damit auch hier die Coefficienten (abgesehen von dem Nenner $(p-1)!$) reelle rationale ganze Zahlen sind, ist die Hinzunahme der Potenzen $a^{Np}, a^{N'p} \ldots b^{Np}, b^{N'p} \ldots$ erforderlich.

Es handelt sich zuerst darum, einzusehen, dass $\varphi(h)$ eine von Null verschiedene ganze Zahl ist. Nach Potenzen von h geordnet, wird
$$\varphi(h) = \sum_{r=p-1}^{r=Np+N'p+\cdots+p-1} c_r h^r.$$

Alle Coefficienten sind hierin, abgesehen von dem überall auftretenden Nenner $(p-1)!$, ganze Zahlen.

Der Factor des ersten Gliedes h^{p-1} beispielsweise ist:
$$\frac{1}{(p-1)!}(a\varkappa_1 \cdot a\varkappa_2 \ldots a\varkappa_N)^p a^{N'p} a^{N''p} \ldots$$
$$\cdot (b\lambda_1 \cdot b\lambda_2 \ldots b\lambda_{N'})^p b^{Np} b^{N''p} \ldots$$
$$\ldots\ldots\ldots$$
$$= \frac{1}{(p-1)!}(-1)^{Np+N'p+\cdots}(a_N a^{N-1})^p a^{N'p} a^{N''p} \ldots (b_{N'} b^{N'-1})^p b^{Np} b^{N''p} \ldots$$

Führen wir hier den wahren Wert $h^{p-1} = (p-1)!$ ein, so hebt sich der Nenner fort, und wir erhalten nach dem, was wir über die Grösse von p festsetzten, eine durch p nicht teilbare ganze Zahl. Doch schon das zweite Reihenglied $c_p h^p$ ist ersichtlich durch p teilbar, — dass es eine ganze Zahl ist, brauchen wir kaum zu betonen — und dasselbe gilt für alle folgenden Glieder.

a) *Darum ist $\varphi(h)$ selbst eine ganze durch p nicht teilbare Zahl und kann als solche unmöglich gleich Null werden.*

Indem wir ganz ähnlich wie beim Hermite'schen Satze weiter gehen, betrachten wir jetzt das Polynom φ als Function von x,

$$\varphi(x) = \sum_r c_r x^r.$$

Es wird dann

$$\varphi(x) = \frac{x^{p-1}}{(p-1)!} \{ a^N a^{N'} \ldots b^N b^{N'} (\varkappa_1 - x)(\varkappa_2 - x) \ldots (\varkappa_N - x)$$
$$\cdot (\lambda_1 - x)(\lambda_2 - x) \ldots (\lambda_{N'} - x) \ldots \}^p.$$

Der eingeklammerte Ausdruck spielt bei gegebenem x die Rolle einer Constanten, nennen wir ihn K, so wird

$$\varphi(x) = \frac{x^{p-1} K^p}{(p-1)!}.$$

Lassen wir nun p unbegrenzt wachsen, so wächst schliesslich bei gegebenem endlichen x die Facultät im Nenner in beliebig hohem Maasse über die Potenz im Zähler hinaus. $\sum_r c_r x^r$ kann also durch ein hinreichend grosses p beliebig klein gemacht werden. Der Schluss bleibt aber ersichtlich auch richtig, wenn wir in der Entwickelung von $\varphi(x)$ überall die absoluten Werte nehmen, und wir erhalten das Resultat:

b) *Bei gegebenem endlichen x und unbegrenzt wachsendem p wird $\varphi(x) = \sum_r c_r x^r$ und sogar $\sum_r c^r x^r$ beliebig klein.*

Unter Festhaltung der Analogie mit dem Beweise des Hermite'schen Satzes beschäftigen wir uns jetzt mit den Summen

$$\sum_{\nu=1}^{\nu=N} \varphi(\varkappa_\nu + h), \quad \sum_{\nu=1}^{\nu=N'} \varphi(\lambda_\nu + h), \ldots$$

und werden sehen, dass jede derselben eine ganze durch p teilbare Zahl ist.

Wir haben

$$\varphi(\varkappa_\nu + h) = \frac{a^p (\varkappa_\nu + h)^{p-1}}{(p-1)!} \cdot b^{Np} b^{N'p} \cdots$$
$$\cdot a^{(N-1)p} [(\varkappa_1 - \varkappa_\nu - h)(\varkappa_2 - \varkappa_\nu - h) \ldots (-h) \ldots (\varkappa_N - \varkappa_\nu - h)]^p$$
$$\cdot a^{N'p} b^{N'p} [\lambda_1 - \varkappa_\nu - h)(\lambda_2 - \varkappa_\nu - h) \ldots (\lambda_{N'} - \varkappa_\nu - h)]^p$$
$$\cdot \ \cdot \ \cdot \ \cdot \ \cdot \ \cdot \ \cdot \ \cdot$$
$$\cdot \ \cdot \ \cdot \ \cdot \ \cdot \ \cdot \ \cdot \ \cdot$$

Der νte Factor des Ausdrucks

$$(\varkappa_1 - \varkappa_\nu - h)(\varkappa_2 - \varkappa_\nu - h) \ldots (\varkappa_N - \varkappa_\nu - h)$$

ist $(-h)$, also ist, wenn wir nach Potenzen von h ordnen, die niedrigste Potenz h^p. Wir gewinnen demnach für $\varphi(\varkappa_\nu + h)$ einen Ausdruck von der Form

$$\varphi(\varkappa_\nu + h) = \sum_{r=p}^{r=Np+N'p+\cdots+p-1} c_r' h^r,$$

und analog ist

$$\sum_{\nu=1}^{\nu=N} \varphi(\varkappa_\nu + h) = \sum_{r=p}^{r=Np+N'p+\cdots+p-1} C_r' h^r.$$

Die Coefficienten C_r' sind hier ganze und ganzzahlige symmetrische Functionen sowohl der Grössen

$$a\varkappa_1, \ a\varkappa_2, \ \ldots \ a\varkappa_N$$

als auch der Grössen

$$b\lambda_1, \ b\lambda_2, \ \ldots \ b\lambda_{N'},$$
etc.,

also reelle ganze Zahlen, dividiert durch $(p-1)!$.

Setzen wir dann wieder $r!$ statt h^r ein, so hebt sich der Nenner in *jedem Gliede* fort, *jeder* Summand behält dabei den Factor p und

c) $\sum_{\nu=1}^{\nu=N} \varphi(\varkappa_\nu + h)$ *ist somit eine ganze durch p teilbare Zahl.*

Das gleiche ergiebt sich in derselben Weise für

$$\sum_{\nu=1}^{\nu=N'} \varphi(\lambda_\nu + h) \quad \text{etc.}$$

Wir haben so drei Eigenschaften des φ, welche ganz den früher beim Hermite'schen Satz entwickelten Eigenschaften von φ entsprechen.

3. Nach diesen Vorbereitungen wenden wir uns zu dem Beweise, dass die angenommene Gleichung

$$C_0 + C_1\left(e^{\varkappa_1} + e^{\varkappa_2} + \cdots + e^{\varkappa_N}\right) + C_2\left(e^{\lambda_1} + e^{\lambda_2} + \cdots + e^{\lambda_{N'}}\right) + \cdots = 0$$

nicht richtig sein kann. Zu diesem Zweck multipliciren wir sie mit $\varphi(h)$:

$$C_0\varphi(h) + C_1\left(e^{\varkappa_1}\varphi(h) + e^{\varkappa_2}\varphi(h) \cdots e^{\varkappa_N}\varphi(h)\right) + \cdots = 0$$

und versuchen, jede der auftretenden Summen

$$e^{\varkappa_1}\varphi(h) + e^{\varkappa_2}\varphi(h) + \cdots + e^{\varkappa_N}\varphi(h) \quad \text{etc.}$$

in eine ganze Zahl und einen Bruch zu spalten. Dies wird um eine Kleinigkeit umständlicher als früher. $\varkappa$ kann nämlich complex sein, gleich $\varkappa' + i\varkappa''$; wir müssen dann den absoluten Betrag $|\varkappa| = +\sqrt{\varkappa'^2 + \varkappa''^2}$ heranziehen.

Ein Glied der obigen Summe ist

$$e^{\varkappa}\varphi(h) = e^{\varkappa}\sum_r c_r h^r = \sum_r c_r h^r e^{\varkappa}.$$

Sehen wir von der Constanten c_r ab, so ist der einzelne Bestandteil dieses Ausdruckes $e^{\varkappa}h^r$, und dieser lässt sich, wie früher gezeigt wurde, folgendermassen schreiben:

$$e^{\varkappa}h^r = (h + \varkappa)^r + \varkappa^r\left[\frac{\varkappa}{(r+1)} + \frac{\varkappa^2}{(r+1)(r+2)} + \cdots\right].$$

Ersichtlich ist jedes Glied der Reihe

$$0 + \frac{\varkappa}{r+1} + \frac{\varkappa^2}{(r+1)(r+2)} + \cdots$$

dem absoluten Betrage nach kleiner als der absolute Betrag des entsprechenden Gliedes in der Reihe

$$e^{\varkappa} = 1 + \frac{\varkappa}{1!} + \frac{\varkappa^2}{2!} + \cdots$$

Also ist

$$\left|\frac{\varkappa}{r+1} + \frac{\varkappa^2}{(r+1)(r+2)} + \cdots\right| < e^{|\varkappa|}$$

oder

$$\frac{\varkappa}{r+1} + \frac{\varkappa^2}{(r+1)(r+2)} + \cdots = q_{r,\varkappa}e^{|\varkappa|},$$

wo $q_{r,\varkappa}$ eine complexe Grösse bedeutet, *deren absoluter Betrag kleiner als 1 ist.* Somit ist

$$c^\varkappa h^r = (h+\varkappa)^r + q_{r,\varkappa}\varkappa^r e^{i\varkappa},$$

und

$$c^\varkappa \varphi(h) = \sum{}_r^r c_r h^r e^\varkappa = \sum{}_r^r c_r (h+\varkappa)^r + \sum{}_r^r c_r q_{r,\varkappa}\varkappa^r e^\varkappa$$
$$= \varphi(h+\varkappa) + \sum{}_r^r c_r q_{r,\varkappa}\varkappa^r e^\varkappa .$$

Machen wir dieselbe Spaltung mit jedem Gliede der Summe

$$c^{\varkappa_1}\varphi(h) + c^{\varkappa_2}\varphi(h) + \cdots + c^{\varkappa_r}\varphi(h),$$

so wird

$$c^{\varkappa_1}\varphi(h) + c^{\varkappa_2}\varphi(h) + \cdots + c^{\varkappa_r}\varphi(h)$$
$$= \sum_{\nu=1}^{\nu=N} \varphi(h+\varkappa_\nu) + \sum_{\nu=1}^{\nu=N}\left\{e^{\varkappa_\nu}\sum{}_r^r c_r \varkappa_\nu^r q_{r,\varkappa}\right\}.$$

Ebenso verfahren wir mit allen andern in der vorgelegten Gleichung auftretenden Summen, und diese nimmt dadurch folgende Gestalt an:

$$\left.\begin{array}{l} C_0\varphi(h) + C_1 \displaystyle\sum_{\nu=1}^{\nu=N}\varphi(h+\varkappa_\nu) + C_2 \sum_{\nu=1}^{\nu=N'}\varphi(h+\lambda_\nu) + \cdots \\[1em] + C_1 \sum{}_\nu \sum{}_r e^{\varkappa_\nu} c_r \varkappa_\nu^r q_{r,\varkappa_\nu} + C_2 \sum{}_\nu \sum{}_r e^{\lambda_\nu} c_r \lambda_\nu^r q_{r,\lambda_\nu} + \cdots \end{array}\right\}$$

Nach 2b. kann man nun durch ein hinreichend grosses p $\sum{}_r |c_r \varkappa^r|$ beliebig klein machen, um so mehr gilt dies, da $|q_{r,\varkappa}| < 1$ ist, für $\sum{}_r c_r \varkappa^r q_{r,\varkappa}$ und auch für $e^\varkappa \sum{}_r c_r \varkappa^r q_{r,\varkappa}$ und für $\sum{}_\nu \sum{}_r e^{\varkappa_\nu} c_r \varkappa_\nu^r q_{r,\varkappa_\nu}$ etc. Da ferner die Coefficienten C endlich und in endlicher Zahl vorhanden sind, *wird die ganze zweite Reihe der Gleichung mit unbegrenzt wachsendem p beliebig klein.*

Die erste Reihe ist eine Summe von lauter ganzen Zahlen. Unter diesen ist nach 2a. und nach unserer Voraussetzung, dass $p > |C_0|$, die erste durch p nicht teilbar, während alle übrigen nach 2c. durch p teilbar sind. *Die ganze erste Reihe ist also eine durch p nicht teilbare und deshalb von Null verschiedene Zahl.* Damit haben wir den in Aussicht genommenen Widerspruch. —

4. Wir schreiten weiter zu einem ebenfalls von Lindemann aufgestellten Satze, welcher der Form nach viel allgemeiner ist

als der jetzt bewiesene, dessen Beweis wir aber sofort auf den bisherigen Satz zurückführen und den wir deshalb als das *Lindemann'sche Corollar* bezeichnen. Wir sagen zunächst:
Eine Gleichung
$$0 = C_0' + C_1' e^{\varkappa_1} + C_2' e^{\lambda_1} + \cdots,$$
wo die Coefficienten C' ganze Zahlen darstellen, ist unmöglich, auch wenn die Exponenten $\varkappa_1, \lambda_1, \ldots$ unverknüpfte algebraische Zahlen bedeuten.

Um diese Behauptung zu beweisen, stellen wir neben obigen Ausdruck alle diejenigen, welche sich ergeben, wenn wir auf alle Weisen statt $\varkappa_1$ der Reihe nach die zugehörigen algebraischen Zahlen
$$\varkappa_2, \varkappa_3, \ldots \varkappa_N$$
und statt λ_1 die entsprechenden
$$\lambda_2, \lambda_3, \ldots \lambda_{N'}$$
etc.

setzen. Multipliciren wir dann die so gebildeten Ausdrücke mit einander, so erhalten wir ein Product

$$\prod_{\alpha, \beta, \ldots} \{ C_0' + C_1' e^{\varkappa_\alpha} + C_2' e^{\lambda_\beta} + \cdots \}$$

$$\begin{pmatrix} \alpha = 1, 2, \ldots N \\ \beta = 1, 2, \ldots N' \\ \cdot \quad \cdot \quad \cdot \end{pmatrix}$$

$$= C_0' + C_1 (e^{\varkappa_1} + e^{\varkappa_2} + \cdots + e^{\varkappa_N})$$
$$+ C_2 (e^{\varkappa_1 + \varkappa_2} + e^{\varkappa_2 + \varkappa_3} + \cdots)$$
$$+ C_3 (e^{\varkappa_1 + \lambda_1} + e^{\varkappa_1 + \lambda_2} + \cdots)$$
$$+ \quad \cdot \quad \cdot \quad \cdot \quad \cdot$$
$$+$$

Die Exponenten von e in den einzelnen Klammern sind symmetrisch aus den Grössen $\varkappa, \lambda \ldots$ zusammengesetzt, sie bilden also jedesmal die Wurzeln einer algebraischen Gleichung mit ganzzahligen Coefficienten und sind demnach *zusammengehörige* algebraische Zahlen. Unser Product fällt somit unter den Lindemannschen Satz und kann daher nicht verschwinden. Es kann also auch keiner seiner Factoren gleich Null sein. Damit ist unsere Behauptung bewiesen.

Jetzt leiten wir eine noch allgemeinere Behauptung ab, indem wir voraussetzen, dass in dem Polynom

$$C_0^{(1)} + C_1^{(1)} e^{\varkappa} + C_2^{(1)} e^{\lambda} + \cdots$$

nicht nur die $\varkappa$, λ, sondern auch die Coefficienten C unverknüpfte algebraische Zahlen sein dürfen. Wir sagen, *dass auch ein solcher Ausdruck nicht verschwinden kann.*

Der Beweis verläuft genau so, wie soeben. Wir stellen neben unseren Ausdruck alle diejenigen, welche sich ergeben, wenn für $C_i^{(1)}$ der Reihe nach die ihm zugehörigen algebraischen Zahlen

$$C_i^{(2)}, \ C_i^{(3)}, \ldots C_i^{(N_i)}$$

gesetzt werden. Multipliciren wir die so gebildeten Polynome mit einander, so erhalten wir ein Product

$$\prod_{\alpha, \beta, \gamma, \ldots} \{C_0^{(\alpha)} + C_1^{(\beta)} e^{\varkappa} + C_2^{(\gamma)} e^{\lambda} + \cdots\}$$

$$\begin{pmatrix} \alpha = 1, 2, \ldots N_0 \\ \beta = 1, 2, \ldots N_1 \\ \gamma = 1, 2, \ldots N_2 \\ \cdot \quad \cdot \quad \cdot \end{pmatrix}$$

$$= C_0 + C_{\varkappa} e^{\varkappa} + C_{\lambda} e^{\lambda} + \cdots$$
$$+ C_{\varkappa,\varkappa} e^{\varkappa+\varkappa} + C_{\varkappa,\lambda} e^{\varkappa+\lambda} + \cdots$$
$$+ \quad \cdot$$
$$+ \quad \cdot \quad ,$$

wo die Coefficienten C ganze symmetrische Functionen der Grössen

$$C_0^{(1)}, \ C_0^{(2)}, \ldots C_0^{(N_0)},$$
$$C_1^{(1)}, \ C_1^{(2)}, \ldots C_1^{(N_1)},$$
$$\cdot \quad \cdot \quad \cdot \quad \cdot$$

und daher rationale Zahlen sind.

Ein solcher Ausdruck kann aber nach unserer eben bewiesenen Behauptung nicht verschwinden, und wir haben damit das *Lindemann'sche Corollar* in seiner allgemeinsten und reinsten Form gewonnen:

Es ist unmöglich, dass die Zahl e einer Gleichung von der Form

$$C_0 + C_1 e^{\varkappa} + C_2 e^{\lambda} + \cdots = 0$$

genüge, wo sowohl die Exponenten $\varkappa$, λ, ..., als auch die Coefficienten C_0, C_1, C_2, ... algebraische Zahlen sind.

Wir können auch sagen:

Wenn eine Gleichung von der Form

$$C_0 + C_1 e^\varkappa + C_2 e^\lambda + \cdots = 0$$

vorliegt, können die Exponenten und Coefficienten dieser Gleichung nicht sämtlich algebraische Zahlen sein.

5. Aus dem Lindemann'schen Corollar lässt sich eine Reihe interessanter Folgerungen ziehen. Zunächst ergiebt sich aus ihm die *Transcendenz von π* ganz von selbst. Wir knüpfen dabei an die merkwürdige Formel

$$1 + e^{i\pi} = 0$$

an. Die Coefficienten dieser Gleichung sind algebraisch, also ist der Exponent $i\pi$ nicht algebraisch, d. h. π *ist eine transcendente Zahl*.

6. Weiterhin betrachten wir *die Function $y = e^x$*
Hier scheint der Fall

$$1 = e^0$$

im Widerspruch mit unsern Sätzen über die Transcendenz der Zahl e zu stehen. Wir müssen dazu bemerken, dass der Fall des Exponenten 0 von uns von vorne herein stillschweigend ausgeschlossen war. Das von uns früher benutzte Polynom φ würde für den Exponenten 0 seine wesentlichen Eigenschaften verlieren, und damit werden natürlich unsere Sätze ungültig.

Abgesehen von diesem einen Falle $x = 0$, $y = 1$, ist nach dem Lindemann'schen Corollar die Exponentialfunction $y = e^x$, $x = \log \text{nat } y$ so beschaffen, *dass y und x, d. h. Numerus und Logarithmus des natürlichen Systems, nicht gleichzeitig algebraisch sein können*. Einem algebraischen Werte von x entspricht ein transcendenter Wert von y und umgekehrt. Jedenfalls ein sehr merkwürdiger Satz.

Construieren wir die Curve $y = e^x$ (s. Fig. XI der Tafel) und markieren wir sämtliche algebraische Punkte der Ebene, so windet sich die Curve zwischen diesen Punkten hindurch, ohne je mit einem derselben (ausser in $x = 0$, $y = 1$) zusammenzutreffen. Der Satz bleibt bestehen, auch wenn man für x und y beliebige complexe Werte nimmt. Die Exponentialcurve ist demnach in viel höherem Sinne transcendent, als man gewöhnlich meint.

7. Eine weitere Folgerung des Lindemann'schen Corollars ist die in demselben Sinne zu verstehende *Transcendenz der Curve oder Function $y = \arcsin x$ und ähnlicher Functionen.*

Die Function $y = \text{arc sin } x$ ist definiert durch die Gleichung
$$2ix = e^{iy} - e^{-iy}.$$
Wir sehen also, dass auch hier x und y nicht gleichzeitig algebraisch sein können. Ausgenommen ist der Punkt $x = 0$, $y = 0$. Oder, wenn wir es geometrisch aussprechen sollen:

Die Curve
$$y = \text{arc sin } x$$
geht (s. Fig. XI) wie die Exponentialcurve durch keinen algebraischen Punkt der Ebene (abgesehen von $x = 0$, $y = 0$).

Anhang.

Der Lindemann'sche Satz beweist die Transcendenz der Zahl π, und damit ist das alte Problem der Quadratur des Kreises in negativem Sinne beantwortet, jedoch in viel allgemeinerer Weise, als es ursprünglich gestellt war. Nicht nur ist es unmöglich, π mit Zirkel und Lineal zu construiren, sondern es giebt auch keine durch eine ganzzahlige algebraische Gleichung definirte höhere Curve, von welcher π die einem rationalen Werte der Abscisse entsprechende Ordinate ist. Eine wirkliche Construction von π kann also nur mit Hülfe einer transcendenten Curve ausgeführt werden, und wir müssen (sofern es sich um wirkliche Construction handeln soll) zu Zirkel und Lineal einen „transcendenten" Apparat adjungiren, welcher diese Curve in einem Zuge liefert. Ein solcher Apparat ist der *Integraph*, welcher neuerdings von einem russischen Ingenieur Abdank-Abakanowicz ersonnen und beschrieben und von Coradi in Zürich hergestellt worden ist.

Mit Hülfe dieses Instrumentes kann man zu einer gegebenen Curve $y = f(x)$, der „Differentialcurve", die zugehörige „Integralcurve" $Y = F(x)$, wo
$$F(x) = \int f(x)\,dx,$$
construiren. Zu diesem Zwecke führt man den Integraphen so, dass ein mit ihm verbundener Stift, der „Fahrstift", die Differentialcurve durchläuft, dann zeichnet ein zweiter Stift, der „Zeichenstift", die Integralcurve. Was die nähere Beschreibung des sinnreichen Werkzeuges betrifft, so müssen wir auf die Originalabhandlung (deutsch bei Teubner 1889) verweisen.

Wir können hier nur das Princip angeben. Für jeden einzelnen Punkt der Differentialcurve $y = f(x)$ construire man sich das Hülfsdreieck, welches die Punkte (x, y), $(x, 0)$, $(x-1, 0)$ zu Ecken hat. Die Hypotenuse dieses rechtwinkeligen Dreiecks bildet mit der Abscissenaxe einen Winkel, dessen trigonometrische Tangente $= y$ ist. *Daher ist diese Hypotenuse der im zugehörigen Punkte X, Y der Integralcurve berührenden Tangente parallel.* Die Aufgabe des Apparates wird hiernach sein, *den Zeichenstift parallel mit der wechselnden Richtung der genannten Hypotenuse fortrücken zu lassen, während der Fahrstift die Differentialcurve überstreicht.* Dies wird einfach dadurch erreicht, dass der Zeichenstift mit einer vertical gestellten scharfrandigen Rolle verbunden ist, deren Ebene sich allemal parallel mit der genannten Hypotenuse einstellt. Diese Rolle wird nämlich durch ein Gewicht an das Zeichenpapier stark angepresst, und dadurch vermag ihr Berührungspunkt nicht anders als in der Richtung der Rollenebene fortzuschreiten.

Der Integraph wird vielfach in der Praxis benutzt, um bestimmte Integrale zu berechnen; für uns ist seine Anwendung zur Construction von π von besonderem Interesse.

Die Differentialcurve sei ein Kreis
$$x^2 + y^2 = r^2,$$
so ist die Integralcurve:
$$Y = \int \sqrt{r^2 - x^2}\, dx = \frac{r^2}{2}\arcsin\frac{x}{r} + \frac{x}{2}\sqrt{r^2 - x^2}.$$

Die Curve besteht aus einer Reihe congruenter Curvenzweige.

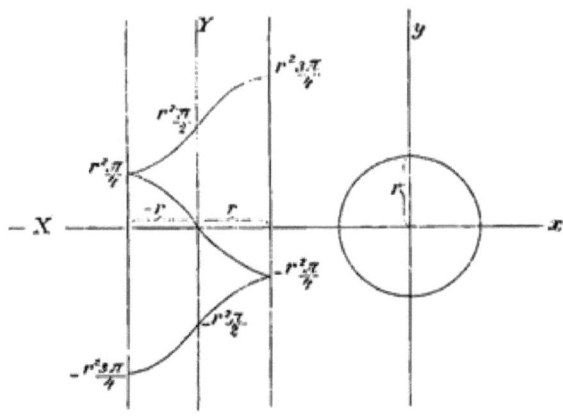

Fig. 10.

Die Abschnitte auf der mittleren Linie sind 0, $\pm\frac{r^2\pi}{2}\cdots$, auf den Seitenlinien $r^2\frac{\pi}{4}$, $r^2\frac{3\pi}{4}\cdots$. Setzen wir also $r = 1$, so liefern uns die Ordinaten der Spitzen oder die der Schnittpunkte der Curve mit der Mittellinie die Zahl π, resp. deren Vielfache.

Das Bemerkenswerte ist dabei, dass diese Curve von unserem Apparate nicht etwa mühsam und ungenau, sondern mit grosser Leichtigkeit und Schärfe gezeichnet wird, besonders wenn man statt des Zeichenstiftes eine Reissfeder einsetzt.

Da haben wir also eine wirkliche constructive Quadratur des Kreises und dabei genau auf dem von den griechischen Geometern gesuchten Wege: denn es ist klar, dass unsere „Integralcurve" nur eine Modification der früher betrachteten Quadratrix ist.

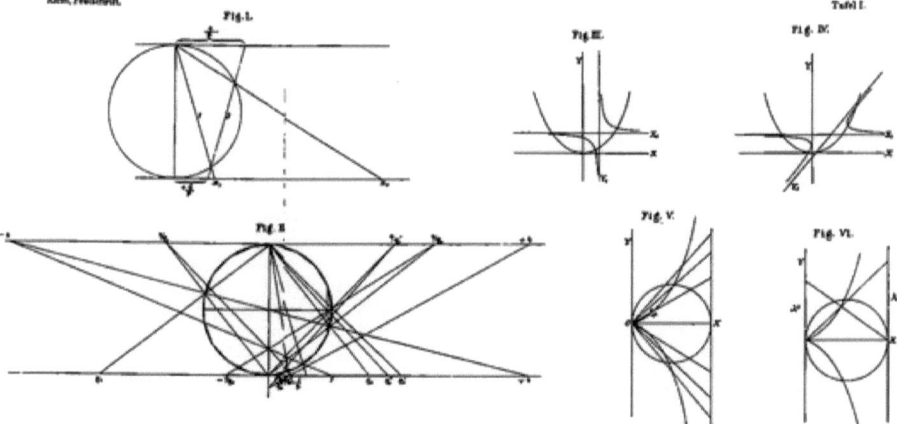

Klein, Festschrift. Tafel II.

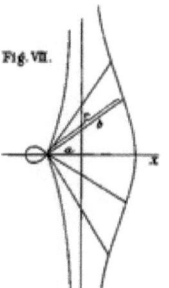
Fig. VII.

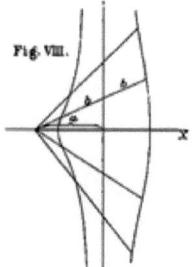
Fig. VIII.

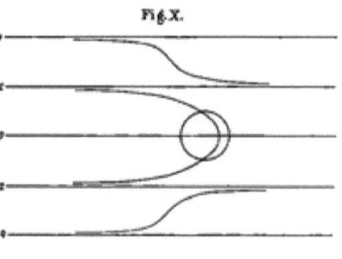
Fig. X.

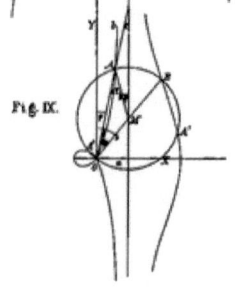
Fig. IX.

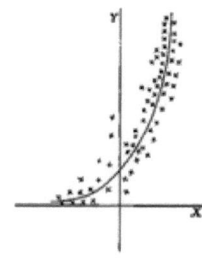
Fig. XI.

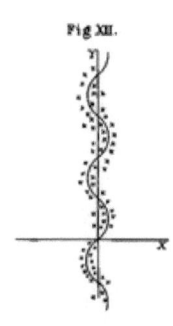
Fig. XII.